JN104645

はじめに

かつて「ヴィノテーク」という雑誌があった。1980年創刊の日本最古のワイン専門誌である。私はもともと一読者であったが、縁あってボスの有坂芙美子さんに可愛がっていただき、彼女の主催する「アルチグストの会」（イタリアワイン勉強会）やメーカー試飲会などにお招きいただいていた。

2009年からは古酒のコラムを毎月担当し、その内容を2014年に『古酒礼賛　熟成の刻は、ワインを磨く。』という単行本にまとめさせていただくことができた。

そしてその後も連載コラムは継続しており、一部マニアの方に好評をいただいていた。

しかしコロナ禍で肝心の海外取材が出来なくなり、昨年10月に惜しまれつつ40年の幕を閉じた。

『長生きするのはどっち？』『がんにならないのはどっち？』『ビジネスマンのお腹が凹むのはどっち？』などの、私の本業の書籍を出版しているあさ出版から、『古酒礼賛』以降のコラムをまとめて出版する運びとなった。

この本が、皆さんのワインライフに少しでも華を添えることが出来たら幸いである。

Chapitre 1

リシュブール1954

私がレギュラーで出演しているTV番組に、石田純一さんがゲストでみえた。ワイン好きで有名であり、私と同じ1954年生まれだ。「収録終了後、Richebourg 1954を開けますが、ご一緒しませんか」とお誘いしてみた。22時という遅いスタートで先にゆっくり飲み始めていたら、携帯に電話が入り、「今からお邪魔していいですか」と石田さん。「はい、もちろん大歓迎です」と私。場所は私のホームグラウンド、六本木のミスター・スタンプス・ワインガーデンである。

まずはお店のシャンパーニュで乾杯。前菜盛り合わせには、白のPuligny Montrachet 1988 Domaine Vincent Leflaive。金色が入り始めた明るい黄色で、抜栓直後からナッツやモカが香っている。酸味が少し前に出すぎているが、このクラスのルフレーヴとしては最高の飲みごろであろう。夜食なので、ふた皿目はメインのウズラ。時間も遅いし酔っ払わないうちにメインのワインを飲んでしまおうという話になり、赤の一番手にリシュブールを開けることにした。

リシュブール1954は10年前にブリュッセルで購入(650€)。実は、ちょっと液漏れしちゃったボトルである。ナンバーは3876。液面は意外と高く4㎝ある。キャップシールは膨れ上がり、白っぽいカビがたくさんついている。エチケットはかなり年代がついているが、おいしそうなボトルである。

さて抜栓だが、さすがの磧本修二ソムリエでも折れてしまい、コルクはばらばらになってしまった。細身のデカンタに移し、10分待って大きめのブルゴーニュ・グラスでサーヴィスされた。色調は淡い甲州葡萄色でクリア。グラスに顔を寄せると、全くスワールしていないのに古酒の香りがあふれている。リシュブールの華やかさはないが、ロマネ・コンティの透明感を感じさせる、気品のある古酒香である。味は、柔らかい甘みと果実の酸味が見事なバランスである。出席者のひとりがいつもの癖でグラスを回しかけたが、すかさず磧本さんから指導が入った！「手のひらにグラスの腹を載せて、グラスの底を持ってゆっくり優しく回してあげてくださいね」と。

少し待つとさらに甘みが広がり、おいしかったはずのワインが、もう一段上の高みのおいしさへと上っていく。みんな、料理に手をつけずにうれしそうな顔をして、ワインと会話をしている。さらに時間がたってもタンニンの渋みが出ることもなく、古酒のえぐみも出ずじまい。液漏れ問題は全くの杞憂に終わった。さすがDRCというべきか、やっぱりDRCというべきか。

石田さんと顔を見合わせながら、「うんうん」「こいつもいろいろ苦労したんだろうな」「お互いこれからも健康で！」「1954は人もワインもいいですね」などと、還暦話に花が咲いた。

次に開けたのは、Château Canon la Gaffelière 1964 St. Emillion。きれいな紫の残る優しい色調で、メルロの優しさが舌をまるく包んでくれる。追加のチーズ・フォンデュに合わせた4本目は、Châteauneuf du Pape 1967 M.Lagoste & Gie。実はこのワインは磧本さんの一押しなのだ。2週間前に預けに行ったときにこのヌフを見て、「懐かしいなぁ、昔パリで飲んだことがある。これ、おいしいですよ！」と言っていた。

ボトルは700㎖と中途半端。エチケットはグーテンベルク風の渋い版画タッチだ。絵の上に書いてある「Verre non Repris」という言葉は、何か哲学的なものかと思って調べてみると、「リサイクル不可ボトル」という意味であった。さてワインだが、最初からものすごく華やかな香りが開き、バランスのとれた素晴らしい味わいである。ブラインドで出されたら1970年代後半の小さな年のリシュブールと答えるかもしれない。

締めの甘口が欲しかったので、何本か預けているソーテルヌが残っていないか磧本さんに探してもらったところ、出てきたのは、Vouvray 1988 Clos de la Thierriere。やや甘口のワインだが、素晴らしくエッジの効いた酸がディナーを締めくくってくれた。午前1時半、リシュブールの空き瓶を、生まれ年ワインは初めての経験という石田さんに持ち帰りいただき、お開きとなった。〈2014.10〉

SOCIÉTÉ CIVILE DU DOMAINE DE LA
PROPRIETAIRE A VOSNE-ROMANÉE
RICHEBOU
APPELLATION . RICHEBOURG
11.552 Bouteilles
No 3876
ANNÉE 1954
H. d.
Mise en bouteille au

VERRE NON REPRIS
FLES NIET TERUGGENOMEN
Chateauneuf
du Pape
APPELLATION CONTROLÉE
M. Lacoste & Cie
NEGOCIANTS
R.C.0.780 - 12-14° - Cont. 0,35/0,70 L.

Chapitre 2

大損?　チョイ得?

私には以前から、いろいろな会でワインのプロに会うたびに必ず質問することがある。それは「本当においしいオーゾンヌを飲むにはどうしたらよいのか」という疑問だ。

オーゾンヌはシュヴァル・ブランとともに、サンテミリオンのツートップである。シュヴァル・ブランはラトゥールのように、いつ飲んでも、どこで飲んでもおいしい。それに比べてオーゾンヌはなんとなく地味で、いつもいまひとつの感がある。もちろん、ちゃんとおいしいのだが、「お前の実力はこんなもんじゃないだろう?」という疑問が常に付きまとってきた。

今までで一番おいしかったオーゾンヌはヴィンテージ1990だが、これはボルドー1990の味であり、オーゾンヌのおいしさとは違う気がする。1952と1955も飲んだが、普通においしいボルドーであった。昔から50年、100年寝かせるべきワインだといわれてきたくらいだから、もっと待つしかないんだろうか。1995年にアラン・ヴォーティエが醸造責任者になってから評価が上がったが、逆に早くから飲みやすくなってしまったようだ。

先日、有坂芙美子氏が会長を務める、コマンダリー・ド・ボルドーのグラン・ヴァンの会が開かれた。場所は赤坂の「Turandot 臥龍居」、そう、鉄人・脇屋友詞さんの店である。ワインはもちろんボルドー、この日はサンテミリオンのプルミエ・グラン・クリュ・クラッセAが勢ぞろいした。

まずは、Henri Giraud Code Noir Brut NV。お代わり自由なのがうれしい。Château Valandraud 1992 はおなじみ、サンテミリオンのわんぱく大将テュヌヴァンのちょい古酒。ひと口目はガチガチに硬い！　香りは削りたての鰹節。しかし、15分で優しい甘みが起きてきた。Château Angélus 2005 のトップノートは、生ゆでのブロッコリーの茎。味は舌にまるく優しい仕上がり。Château Pavie 1973 はスモーキーで、寝ぼけた印象。ゆっくり開いていくと、ムキムキのボディが顔を出してきた。Château Cheval Blanc 1970 は、つつましやかでスキニー。あれ？　外れかなぁと隣の人のグラス（別ボトル）をいただくと、こいつはすごいパワー。まるで1980年代のローヌのようだ。Château Ausone 1979 は、クリアできれいな酸と柔らかい果実味。まるでブルゴーニュの古酒みたいだ。大好きな味でうれしいんだけど、これがオーゾンヌのおいしさかというと何か違う気がする。オーゾンヌの本当のおいしさというのは一体どこにあるんだろう？

25年くらい前、本気でワインを飲み始めたころは、恥ずかしながらラフィット・ロッチルドのよさがよく分からなかった。トップファイブのラトゥールやマルゴーみたいにすぐおいしいわけではなく、ムートンのように派手なエチケットでもなく、値段のわりにありがたみがない気がしていた。そのうちに、1953のマグナムでおいしさに目覚め、1958で絶妙の熟成に驚き、「ラフィットは外れ年を狙え」ということを学んだ。

ラフィットを愛飲する、昔の本物の貴族の生活を想像してみよう。執事が毎年、何十ケースものラフィットを注文し、シャトーに預けておくか、屋敷のセラーに保管する。時期が来て飲みごろになったワインを給仕頭が適当に選び、デカンティングしてテーブルに用意する。当主は黙ってつがれたワインを飲むだけで、銘柄や年なんて知らないし、知ろうとも思わない。お客に「おいしいですね、これは何年物ですか」と聞かれても何も答えず、給仕頭を呼んで「お客さまにうちのワインを気に入っていただいたようだから、明日にでもご自宅まで2ケースほどお届けしておきなさい」と命じる。というのが、ラフィットに対して私が抱いている勝手なイメージだ。オーゾンヌにも同じような雰囲気が付きまとっている。すごくおいしいし、飲んでいて幸せになるワインだが、「本当に花開いたらこんなもんじゃないんだぞ！　それを分からないまま飲んでいる君はまだまだアマちゃんだぞ！」とワインに言われているような気がして、落ち着かないこと甚だしい。本当の味が分かるようになるためには、ひたすら数を飲むしかないんでしょうな。

さて、最初に書いたオーゾンヌに関する質問への先輩諸氏の答えは……。

「オーゾンヌは難しいですよね、私もまだこれというのに当たっていません」という方が実は一番大勢いた。「戦前のボトルを探してみてください、昔はよかったよ」「1947や1955はおいしかったですよ」という方もちらほら。中には「え？　オーゾンヌ？　おいしいじゃないですか！何か問題が？」という方も。〈2014.11〉

Chapitre 3

雑泡三題

シャンパーニュの古酒が注目されるようになり、オークションの落札価格が上がってきた。あまのじゃくの小生としてはもっとマイナーなものを追っかけたいと思い、最近、スパークリングワインの古酒を探し続けている。泡物の世界は、シャンパーニュ以外にもボルドーやブルゴーニュ、アルザスのクレマンたち、ヴーヴレーのペティヤン、ドイツやオーストリアのゼクト、スペインのカバ、イタリアのスプマンテ、ランブルスコ、さらに新世界のスパークリングワインと百花繚乱だが、古酒として期待できそうなのはゼクト、カバくらいかなと考えていた。しかし、今回は予想もしないアイテムが見つかった。

一本目は Carlton Brut Pêcher である。1500 円クラスの「なんちゃってシャンパン」の代表選手だ。入手した国内のオークショニア、ディシラムの天野克己さんによると、25 年以上前のものだという。

コルクは抜いた後も膨らまず、20 年以上はたっている。泡は少し残っていて、グラスの壁にわずかに付着する。色調はトパーズからアンバーで、「桃の缶詰」の香りがする。軽い苦みがあるが、アフターのニュアンスは捨て難い印象である。アルコールは8％くらいか。

エチケットには「Vin Mousseux et Extraits Naturels de Pêche Haute Provence 〈HB〉」とある。あれ？　プロヴァンスのアッシュ・べーといえば、昔よく飲んだパスティス（スターアニスやハーブで風味付けされたリキュール）の醸造元ではないか。ネットで「HB」を検索するとアンリ・バルドゥアン Henri Bardouin とあり、所在地はペシェのエチケットと同じフォルカルキエとなっている。ネットで引っかかったカールトンの古酒は1970年代とあり、このボトルも40年以上たっていたのかもしれない。

二本目は Vinho Espumoso Gaseificado Reserva 1940 Caves Ivo Neves Sangalhos Portugal、ポルトガルのスパークリングである。このヴィーニョ・エスプモーソのネックラベルには「Meio Doce」とあり、どうやら甘口のようだ。さらに「J.N.V. Decreto-Lei 4796, de 27/9/67 Serie 12」というタグが貼られており、1967年の蔵出しと思われる。こちらはいつものベルギー・オークションから入手。6本のミックスロットで190€にて落札した。

ピンクの銀紙のキャップシールを剥がすと、なんとミュズレなしで、コルクにじかにワイヤーを締めている！　泡はもちろんなし。色は冷やしあめの薄茶色。香りは黒糖、べっ甲あめ系のカラメル。恐る恐る口に含むと、わずかな鉄さび味はあるものの、まだ干しあんず系の味でちゃんと飲めるではないか！　酵母の澱にある独特の雑味は仕方がないが､時間を待てばそれなりのボディが目を覚ましてきた。
三本目は Vinho Espumante Natural Reserva 1940 と、同じくポルトガルの泡である。Caves do Pontão という別の造り手だ。「Metodo Champanhês　11% Vol.0.80」とあり、一応シャンパーニュ方式で造られているらしい。「Meio Seco」というラベルも貼られており、辛口の泡である。ミュズレは無地のブリキで、さびもない。コルクはカチカチで真っ黒。
このヴィーニョ・エスプマンテは、泡はなく、古いロゼワインのような焼けた薄紅色で、ナッツとチョコレートが香る。やや水っぽく、かそけき酸味が涙ぐましい。あまり時間を待たずにエグミも上がってきたが、嫌いな味ではない。三本の中では一番おいしかった。
若く元気なポルトガルの泡物を飲んだことがないだけになんとも言いようがないが、この二本の 1940 は古酒としてしっかり楽しめた。次はクリスマスの子ども用シャンパン、シャンメリーの古酒を探してみようかな。
〈2014.12〉

Chapitre 4

キャンティでキアンティを

先日ある会合で、春日商會社長の川添隆太郎さんと知り合う機会があった。春日商會とは聞き慣れない社名だが、実はキャンティグループの運営母体である。飯倉片町のキャンティといえば、日本のイタリアンの草分けであるわけだが、それよりも古きよき六本木族のたまり場として有名になってしまった。伯爵と新橋芸者の間に生まれた初代の川添浩史さんは、パリ遊学時代に写真家ロバート・キャパとも親交があった。キャパの名著『ちょっとピンぼけ』の翻訳者のひとりでもあり、キャパの愛機のライカは浩史さんからの借金で買ったものだといわれている。梶子夫人の発案で1960年にオープンしたキャンティは、イタリアンレストランとしての評価とは別に文化サロンとして、深夜まで文士や女優、業界人があふれ、「野獣会」という流行語を生んだ。

浩史さんの孫で3代目の隆太郎さんに「古いキアンティをキャンティに持ち込み、Chianti on Chianti をやってみたい」と相談したところ、ご快諾をいただいた。以前、「古酒礼賛」で「今でも若いキアンティーズ」というコラムを書いたが、今回は残りのキアンティを試してみる企画となる。メンバーは川添社長を含めて12人。かつて母親が六本木野獣会のメンバーだったというコシノユマさんや、30年ぶりの来店という歯科医、うわさを聞くばかりでキャンティ未体験の若手などである。ある参加者が「秋津さん、キャンティってItalianレストランですよね?」と聞くので、「いいえ！ 片仮名の“熟成イタリア料理店”です」と答えておいた。

20種類くらいの前菜を客の前に並べて数種類選ばせるというプレゼンテーションは今でも健在である。ワインはまず、私の敬愛するSting @ポリスの造るイル・パラジオ2種から。夫婦は15年前にトスカーナのワイナリーを購入し、オリーヴオイル、蜂蜜を生産していたが、ワインも軌道に乗り、日本にも輸入（ジェロボーム）されるようになった。

Beppe Bianco 2012 Il Palagio

モノクロのエチケットはワインボトルが置かれた椅子を片手で持ち上げる軽業師。トレッビアーノとマルヴァジーアの混醸で、レモンの香りがぱきぱきしている。

Chianti Classico When We Dance 2011 Il Palagio

エチケットはキャットウーマンがボトルの上につま先立ち。「When We Dance」はスティングの名曲のタイトルである。キアンティというよりはトスカーナワインの味わいである。

Chianti Classico Il Palagio 1989 Marchesi Goretti

赤紫で若く典型的な最近のキアンティの味わい。

Chianti Classico Riserva 1985 Tenute Marchese Antinori

落ち着いてしっとりとした味わいが出ている。いわゆる「古酒の第一ピーク」だろう。

Chianti Classico Riserva 1968 Castello di Cerreto Marchese Emilio Pucci

メンバーのコシノさんが「アパレルブランドとおんなじ名前！」と指摘。調べてみると、デザイナーの故エミリオ・プッチは公爵家の出身で、1947年にアパレルメーカーを起業したというから、彼の実家のワインだろう。トップノートは水っぽい葡萄ジュース。薄甘い頼りない味であったが、15分後にはしっかりした甘みと酸味が復活し、十分楽しませてくれた。

Brolio Chianti Classico Riserva 1964 Barone Ricasoli

ボトルの外からでも分かる色の薄さ。白ワインとまではいかないが、古いロゼワインの色調。香りは「水」で、ほのかな甘みと、逆にしっかり残る酸味。時間とともにまるみは出てきたが、スキニーなまま、しぼんでいった。

Chianti Vecchio 1959 Ruffino

キャンティのお店がオープンする前のキアンティということで、前回に続いて供出。前回に比べてさらに濃く、黒糖系の香りが強い。ヴォルネーのようなタフさと、バローロのような粘り腰が頼もしい。まるでドライフルーツを煮詰めすぎたような濃厚な味である。

Brunello di Montalcino Riserva 1969 Col d'Orcia

Barolo Riserva 1968 Borgogno

健啖家がそろいすぎたため急きょ、バックアップワインを投入。いずれも期待を裏切らない健全なワインであった。

さて、川添社長の総評はというと、「ただただおいしい、感服しました。当店もワインのように長命でありたいと思います」とのことであった。 〈2015.1〉

Chapitre 5

1969サミット

『古酒礼賛』(ヴィノテーク刊)の出版祝いを兼ねてと、いつものワイン仲間からうれしいお誘いが届いた。1969のロマネ・コンティがあるから、ほかの1969ワインと一緒に飲まないかという。もちろん断るわけなどないので、速攻のワイン会開催となった。メンバーは3人で、ワイン供出者と、会場提供者と、何もしない私である。友人の仮住まいである六本木のタワーマンションの12階は、素晴らしい眺めで別世界だ。

さてさて用意された1969のワインたちを見て目を疑った。なんと、Dom Pérignon、DRCのMontrachet、Romanée-Contiの3本だ。しかも無償で提供という! これも私の人徳かと、勝手によい方に解釈し、ご厚意に甘えることにした。

まずはドンペリから。ボトルの後ろには昔の海外酒販のラベルがある。ミュズレは1960年代らしい黒地に赤の筆記体で「Cuvée Don Pérignon」と書かれているが、盾のマークは付いていない。コルクはカチカチで細いが、しっかりしている。抜栓時にはプスッとかわいいガス音もした。濃いめの琥珀色で、わずかに1、2連の泡が立ち上がっている。トップから、モカやトフィーの香りが全開である。甘く心地よいアタックのエッジに優しい、しかししっかりした酸がアクセントを添えている。時間がたってもイースト香が立ち上がらず、オロロソのような風格まで出てきた。最後にはねっとりとしたジャミーなボディも現れてきた。これはすごいボトルだ。

次のモンラッシェのナンバーは0138/2160で、裏にヴァン・シュール・ヴァンのシールが貼ってあるが、PTマークピーター・ツーストラップ氏のコレクションは付いていない。コルクは健全で、畑の絵のない文字だけのタイプだ。まだオレンジの入っていない柔らかい金色。きんかん、マンゴスチン、紅玉の香り。タンニンの鎧の隙間から甘く濃厚な果実が顔を見せる。時間を待つと背筋の通った酸が柔らかくなり、色気も出てきた。しかし、「誤解しないで！

お楽しみはこれからよ」という光線がビンビン出ている。まだまだおいしさの底が見えないモンスターである。この日このワインの供出者がこのワインを購入したきっかけは、当時の海外酒販の天野克己さんに「1969のモンラッシェは人生観が変わるほどのワインだ」と聞いたからだという。熟成のピークに達したボトルと出くわせばさもありなん、か？　ということで一句、「まだまだと言いつつ暮れる秋の宵」

さて、真打ちのロマネ・コンティ、ナンバーは6090/7220。エチケットの上にルロワの横帯が貼ってある。コルクはふたつに折れたが、極めて健全だ。濁りはないが、結構褐色の強い茜色でやや不安が……。トップにわずかに干ししょうがの香り、ひと口目は濃いプルーン系、しかし閉じている。すぐに重奏低音のようなタフな骨格がほぐれてきたが、いつものエレガントさが見あたらない。ブラインドならポマール・ゼプノ 1947 というところかな。3人だけという特権で2杯、3杯とお代わりしていくと、甘く優しくなって、いつもの「コンチ」の香水系の香りになったものの、アフターの妙な苦みが引っ掛かる。45年の旅のどこかで少し熱が入ったのかもしれない。

3人で3本空けてもまだいけそうな気配に家主が取り出したのは、Château Palmer 1961 Mü1ler Basse! つややかな赤紫色、若く元気でぴちぴちのゴージャス美人である。ドライチェリーに干ししょうがの香りもある。腰の据わった安心感のある風格だ。ただ、パルメの味かといわれると微妙だ。どちらかというと 1961 の味だな。友人はシカゴオークションで入手したそうだが、ネックラベルに面白い文字を見つけた。いわく「ARMY &NAVY STORE London」！大英帝国軍の PX にはこんなものまで売っているのだろうか。 PX (Post Exchange) は日本では「酒保」と称されていたからさもありなん……かも？　念のため Wiki で調べてみたら「ARMY&NAVY STORE」は、1871年創業の由緒正しいロンドンの百貨店でした。〈2015.2〉

LEROY
SOCIÉTÉ CIVILE DU DOMAINE DE LA ROMANÉE-CONTI
PROPRIÉTAIRE A VOSNE-ROMANÉE (COTE-D'OR)
MONTRACHET
ROMANÉE-CONTI
APPELLATION ROMANÉE-CONTI CONTROLÉE
Bouteilles Récoltées
N° 006090
L'ASSOCIÉ-GÉRANT
ANNÉE 1969
H. de Villaine
Mise en bouteille au domaine
Champagne
Cuvée Dom Pérignon

Chapitre 6

Old good Napa

コラムに何度か登場してもらっているカリフォルニアワインの村田みづ穂嬢から、変わったお誘いが来た。知人のアメリカ人が夭折し、ご遺族から故人のワインを譲り受けたという。そのワインをみんなで楽しみましょうと。

かなりの数のコレクションであったそうだが、業者に主立ったワインを引き取ってもらった後の、稼ぎ損なったワインたちである。でも、いずれ劣らぬ個性派俳優ぞろいだ。これらワインのもとに集まったメンバーは、リッジの大塚ホールディングス、ハイツのインポーターのピーロート、酒販ニュース、ワイン情報誌編集長など業界系と、内科、婦人科、眼科の医療系であった。2匹の黒ラブが愛嬌を振りまいている西麻布の「アルモニ」で、追悼という名目の大宴会が始まった(＊印が譲り受けたコレクションワイン)。

① Mumm Cuvée Napa 1989 Winery Lake Carneros：マムが1982年からナパ・ヴァレーで造っているスパークリング。きれいなこなれ具合で、つるりとおいしい。

② 参加者の持ち込みでブラインド提供。ボディはないが、

落ち着いた熟成。ピノ・ノワールの1980年代？　正解はRobert Mondavi Woodbridge Zinfandel 1998。インポーターはメルシャン。10年以上前にスーパーの投げ売りで１ケース以上を押さえたそうだ。定価1800円のところ、なんと700円！

室内で放置熟成し、毎年１本ずつ飲んで最後のボトルだったそう。

③ Kistler 'Kistler Vineyard' Chardonnay 2000：眼科女医さんの持ち込み。ひと口目から甘さしっかりでおいしい、極めてまっとうなシャルドネ。見事な予定調和。

④ Simi Pinot Noir 1980＊：黒や紫の果実の香り、ブラックストリップ（廃糖蜜）の甘み。過熟気味だが、おいしいピノ・ノワール。軽い苦みの残る後口はまるで黒糖アイス。

⑤ Caymus Vineyards Pinot Noir 1976＊：これは珍品ボトルである。あのケイマスがピノ・ノワールを造っていたとは！　コルクはかなり新しく、15年くらい前のリコルクと思われる。ボトルの底はぺったんこ。香りはまるで熟成したメルロ！　色調も紅の残る優しい茜色。味はあまり熟成していないピノ・ノワールの酸とタンニンだが、うまみがしっかりのっている。当時はピノ・ノワールの畑に正体不明の葡萄が植わっていたり、近隣の畑から買い付けた葡萄が寄せ集めで、いろいろな品種が適当に混ざったりしていたのだろう。

⑥ Beringer Private Reserve Cabernet Sauvignon 1988：村田嬢の個人セラーから持ち込み。3年前にベリン

ジャーのライブラリー・コレクションから譲り受けたらしい。コルクはふかふかボロボロ。きれいな紫の残る色調。落ち着いたボルドーの香り。ひと口目は「まるでメルロ」のシルキーさに驚く。時間とともにさらにまるくなり、エレガントに変身した。秀逸。

⑦ Louis M. Martini Monte Rosso Old Vine Gnarly Vine Zinfandel 1997 ＊：ナパで最古といわれるジンファンデルの畑からのワイン。健全だが、ちょっと芯の細いジン。

⑧ Heitz Cellar Zinfandel 1987 ＊：残念ながらブショネ。飲めなくはないが楽しめない。

⑨ Heitz Cellar Zinfandel 2010：参加者からの差し入れ。こちらはぴちぴちムキムキの元気なジン。

⑩ Heitz Cellars Martha's Vineyard Cabernet Sauvignon 1979（Bottled 1983）：私の持ち込みで、5年前にビバリー・ヒルズ住まいの日本人の知己からもらったもの。59628本中の20840番と記載がある。トップに軽いブショネがあるが、これはすぐに散った。ジンシャーが香る熟成ボルドーのニュアンス。2006年のパリスの審判Ⅲで好成績を収めたのにも納得の味。

⑪ Château Pichon Lalande 1965：主催者の村田嬢に敬意を表してプレゼント（ただしブラインドで）。ブルゴーニュのピノ・ノワールという声が多かった。10年前にヨーロッパのオークションで購入。エチケットには「Comtesse」の文字が入っておらず、ボトルには紋章のエッチングが。ひと口目は細く繊細であったが、すぐに果実が目覚め、つややかなポイヤックの古酒になった。エレガントの極み！

これぞ古酒ですよ！

そしてドイツ甘口が２種、お持たせで。

⑫ Ockfener Bockstein Riesling Auslese 1994 Weingut C. Le Moguen：エチケットはなく、手書きのエナメルペイントの文字と絵がかわいい。絵はピンクのアネモネ⁉　そう、ベル・エポック・ロゼにそっくり。きれいな酸の健全なアウスレーゼ。

⑬ Wehlener Abtei Spätlese Eiswein 1979 M.S.R.：シュペトレーゼのアイスワイン。当時はこういう表記だったらしい。味は有無を言わせぬアイスワインの王道。

奇妙な縁で珍しいワインをごちそうになったが、少しでも故人の供養になれば幸いである。せっせとコレクションを増やし、生涯かけて飲む予定量をすでにオーヴァーしてため込んでいるあなた！　やっぱりワインは生きているうちに仲間とワイワイ楽しむのが一番ですよ‼　〈2015.3〉

Chapitre 7

安寿と壽翁

　昨年の夏、知人から伊豆下田でのワイン会にお誘いいただいた。会場は会員制の隠れ家温泉の「別邸 洛邑」である。ちょうどその日は台風が接近中で、予報では下田を直撃すると！　それでももちろんへこたれずに、伊豆急行・スーパー踊り子号の最前席に陣取り駆けつけた。小雨交じりの踊り子号からの眺望は、それはそれで乙なものである。洛邑は温泉街から少し離れた入り江に面し、ビーチそばのプールは残念ながら雨のためお預けであったが、部屋付きの露天風呂から雨模様の海を眺めてくつろいだ。

　さて日も暮れ、ディナータイムの到来だ。ご馳走に目がない8人のメンバーに供されるワインは、シャンパーニュからスタート。まずドラモット・ブリュット、続いてテタンジェ・コント・ド・シャンパーニュ2000。後者はちょっとまだ若すぎかな？　ポメリー・キュヴェ・ルイーズ1999はずいぶん落ち着いていて好みの味だ。赤ワインはベイシュヴェル1982からスタート。わー！　ガチガチだ。一時間待っても全くほぐれてくれなかった。次はモンローズ1982。これは結構楽しめた。これまでの印象では、モンローズはベイシュヴェルよりはるかに時間がかかると思っていただけに意外であった。

さて、メインの古酒はChâteau Laffitte Laujac 1937である。しかもクルーズのネゴシアン・エチケットだ。ラフィット・ロージャックはサンテステフの北にあり、ルイ14世のころからの老舗だそう。シャトーのウェブサイトによると、品種構成はカベルネ・ソーヴィニヨン50%、メルロ50%らしい。コルクには「1989年にリコルク」の焼印が入っている。こんなマイナーなシャトーで客の持ち込みのリコルクを受けるとは思えないので、オーナーのクルーズ社の指示で、ミュージアム・コレクションをリコルクしたのかも。ワインは褐色から茶系の色調でクリア。冷やし飴のような沈んだ香り。タンニンが少し浮き気味で舌にざらつきが残る。30分して少し開きかけたが、残念ながらそこまでであった。スデュイロー1975はいい感じの熟成感で、今が飲みごろ。ポートのコリェイタ1945は、開けたてはつらい。翌朝飲んだらどんぴしゃり。料理はご当地産の「あしたか牛のグリル」や「サザエのブルギニヨン」などなどを楽しんだ。

さて例によって、私の持ち込みはマイナーな古酒である。一本目はVinho Espumante Natural Reserva Meio Seco 1940。これは本書20Pに詳しく書いたポルトガルの泡である。もう一本はAnjou Moulin Touchais Réserve du Fondateur 1947だ。ボトルに記載がないので、赤か白かロゼか甘口か、スコッチのグレーンモルトのような色からは想像がつかない。メープルシロップの香りがする。少し待つと、マンゴスチンの香りが見え隠れしてきた。これは期待できそう……。ひと口目からエッジの効いたきれいな酸味と程よい甘み。オロロソ・シェリーの香りもする。後半はトフィーやオールスパイスも香り始めた。素晴らしいシュナン・ブランのデザートワインであった。

ムーラン・トゥシェというのを調べてみると、1787年創立のセラーには19世紀初頭からの甘口ワインの素晴らしいコレクションが眠っているという。20%の葡萄を早摘みにして酸の骨格をつけ、80%を遅摘みにして香りと糖度を得ているらしい。最高の年のものだけが、10年以上の熟成の後、レゼルヴ・デュ・フォンダトゥールとしてリリースされるようだ。「1953、1959、1964、1969はいまだ熟成中であり、1945、1947、1949はもはやクラシックだ」とある。さらに「Century Long Guarantee（世紀にわたる保証）を行っている世界唯一のワインメーカー」とまで書いてある。古いアンジュがここまで頑張るとは思っていなかっただけに、納得であった。

アンジュを飲むたびに私が思い出すのが、小さいころに映画館で初めて見た東映動画のアニメ『安寿と厨子王丸』である。原作は森鴎外の『山椒大夫』だ。ラストシーンでふたりの母、八汐が「安寿恋しや、ほうやれほ」と歌う「子を恋うる歌」が切なかった。

さて、翌日は10時からのシャンパーニュ・ブランチで、ブノワ・ライエ・ブリュット・ナチュール、ジョゼ・ミシェル、ピエール・モンキュイ・ブラン・ド・ブラン2004。

用意していただいたスペシャル・ブランチはちょっと量が多すぎて苦しかった。え？　台風？　深夜２時ごろ真上を通過したようです。翌日は台風一過の上天気でした。

〈2015.4〉

Chapitre 8

黒の舟唄

先日、自宅でTVの料理ロケがあり、ゲストで女優の藤田弓子さんがお見えになった。ロケ終了後うちで一杯飲もうということになり、藤田さんのヴィンテージ、1945をセラーであさってみると、バローロが見つかった。エチケットの表記を正確に書き写すと「Vino Barolo degli Antichi poderi dei MARCHESI DI BAROLO già Opera Pia Barolo RISERVA DELLA CASTELLANA 1945」となる。バックラベルには「Bottiglia N.13110」と書かれている。

マルケージ・ディ・バローロといえばメジャーなバローロで、近年はエチケットの中央に受賞メダル、左右に屋敷の絵が描かれていることで印象的だ。しかしこのバローロ、ちょっと面白い形のボトルなのだ。前から見ると扁平で、横からだとぺったんこ！　しかも断面は楕円形ではなく台形なのだ。そう、手漕ぎボートのような形である。メジャーで測ってみると、横幅90㎜、前後65㎜と、かなりの扁平ボトルである。「netto cl.66」と書かれているから、660㎖と普通のボトルより少し少なめの容量だ。肩にはカンティーナの紋章がエンボスされている。キャップシールは封蠟（ふうろう）で、天に同じ紋章の押印が見られる。ワックスは経年変化でガラスのようになってしまっている。あえてナイフで削らずに、そのままソムリエナイフをねじ込んで抜栓。コルクは年代相応でわずか30㎜しかない。

色調は深いレンガ色で、干ししょうが、黒糖、丹波黒豆の香りがする。ひと口目から意外と果実を感じる落ち着いた味わいの古酒で、爆発的な感動はないものの、保存のよさを感じさせる健全な味だ。やがて濃厚なボディが開き始め、ドライフルーツの花園が展開されていった。ふたりで一本空けたが、最後まで衰えを見せないタフガイであった。

調べてみると、このマルケージ・ディ・バローロは200年の歴史を誇っている。1807年にバローロ侯カルロ・タンクレディ・ファッレッティがフランス貴族の娘ジュリエット・コルベール・ディ・モレヴリエと結婚した。彼女が大樽長期熟成の現在のバローロ・スタイルを推し進めたとされる。彼女の死後、1864年にその遺志を受け継ぎ、オペラ・ピア・バローロ（バローロ慈善協会）がトリノに設立されたという。そしてその後、バローロ侯の城下町にカンティーナ「カヴァリエーレ・フェリーチェ・アッボーナ・エ・フィーリ」を設立したアッボーナ家がオペラ・ピア・バローロの農場を買収した。今回のボトルの紋章は王冠の下の盾に３本の斜め線があり、上に星が３つ、下にライオンの絵がある。最近のボトルの紋章は王冠の下にふたつの盾があり、バローロ侯とアッボーナ家を表しているのかもしれない。

さて、この面白い舟形ボトルだが、グーグルの画像検索で調べてみると、ヴィンテージ 1945 のほかに 1949 が見つかった。1950 以降は通常の円筒ボトルになっているようだ。残念ながら、戦前のボトルの情報は見つけられなかった。知人のイタリアワイン・フリーク「狸の洞窟」の主人で、最近はイタリアワインの輸入も始めたエノテカ チョコットの坂田肇さんによると、「以前、ワイナリーを訪問したときに、セラーのヒストリカル・セクションで、このタイプのボトルを見かけたことがある」とのことであった。カンティーナのセラーに積み上げるときには、確かに便利だろうな。昔はブレンデッド・ウイスキーのミニボトルにフラットタイプがあり、ポケットにぴったり収まる快適さがあった。大学時代の小生のデニムの尻ポケットの定番は、右にホワイトホースのフラットボトル、左に文庫本であったのを思い出した。

〈2015.5〉

Vino Barolo
degli
Antichi
poderi dei
MARCHESI
DI
BAROLO
già Opera Pia Barolo
Riserva
della
Castellana
1945

Chapitre 9

読者ワイン会

単行本『古酒礼賛』を読んでいると古酒を飲んでみたくなる、本を出版した側にも何らかの責任が!?　という読者の声を受けて、ヴィノテーク編集部の依頼で3月末、「古酒礼賛ワイン会」を開くことになった。第1回ということで、セラーからいろいろな地区の、いろいろな年代のワインを探してみた。1940、1950、1960、1970年代から各一本と、年代不明のブルゴーニュである。ワイン会の会場はいつものミスター・スタンプス・ワインガーデンである。ヴィノテーク読者は7人。土曜の昼下がりだったので料理は軽めで、フォワグラのテリーヌ、自家製スモークサーモンとエルブのサラダ、鶏もも肉のフリカッセの3皿。

① Vinho Espumoso Gaseificado Reserva 1940 Portugal Caves Ivo Neves Doce

20Pでもとりあげた、ポルトガルの戦前のスパークリングワインである。泡は全くなし。あんず色で紹興酒の香り。ほの甘く水っぽいが、アルコールはしっかり残っている。あんみつ屋の「あんず水」のようなニュアンス。「頼りないし、はっきりしない味だが、悪くはないし、十分飲める」などと言いながら、気がつけばグラスは空になっていた。

② Chambolle-Musigny 1950's Louis Latour

バルバレスコ1967を先に味わう予定であったが、抜栓後、磧本修二師匠の判断でシャンボール・ミュジニーが先に供された。ネックにあるルイ・ラトゥールのシンボルの丸いラベルは剥がれてしまっている。エチケットは半分しか残っていない。液面は5㎝とさほどの低下はない。ノン・リコルクのコルクは意外としっかりしている。かなり薄めの茜色だが、美しく艶やかな酸。一見シンプルだが、時間とともに甘く、素っ気なく、やや酸味が目立ち、また甘く、香りがまた立ち上がりと、十二単のような複雑さを見せてくれた。参加者のひとり、ディシラムの天野克己さん曰く「久しぶりのおいしい熟成ピノ！」

このワインは6本セットのオークションロットですべてルイ・ラトゥール。内訳はヴォルネー1959が2本、コルトン・グランセ1959が1本、そして、この年代不明シャンボール・ミュジニーが3本である。これだとヴィンテージは1959である、ありたいと思うのが人の常。しかし、天野さんの判定は「1959にしては果実が細い。1952にしては酸が弱い。1957あたりだろう」と。実は抜栓前から「本日の一等賞」と目をつけていたワイン。この一本だけでも読者の皆さんに集まっていただいた価値があったと思える逸品であった。

③ Domaine de Chevalier 1971 Graves

ここにきてもバルバレスコがまだ硬いので、次はボルドー。

しかし、ここで師匠から「ピノが素晴らしかったので、舌のリセットのため白ワインを差し入れします」と。一同声をそろえて「わ、磧本マジックだぁ！」とはさすが、拙書の愛読者の皆さま方である。ドメーヌ・ド・シュヴァリエのグラーヴは細めの骨格だが、磧本マジックのおかげで、タバコ、ベーコンの香りも見つけられ、柔らかい酸ときめ細かいタンニンの調和が楽しめた。

④ Barbaresco 1967 DOC Antichi Poderi dei Marchesi di Barolo Gia Opera Pia Barolo

巨大グラスでのデカンタ90分という荒技にもめげず、“バローロ”のような濃い紫の色調とボディ。マルケージ・ディ・バローロのバルバレスコは、古酒にはご法度のはずのグラス・スワリングでやっと目覚め、ねっとりとした南の甘みが開いてきた。時間がたっても、“バローロ”のような印象は消えなかった。

⑤ Domaine des Gravières 1959 Côtes de Bordeaux AC Jacques Sibille

ボルドーの外れで造られるジャック・シビーユのドメーヌ・デ・グラヴィエールの甘口の白。師匠曰く「貴腐と遅摘みが半々」。

黄昏の琥珀色。グラスのエッジには緑の輪っか。トップから強いエステル香がムンムンしている。ソーテルヌほどの苦みはなく、ほどほどに角の取れた酸が心地よい。参加者の日ごろの行いがよいとみえ、この日は全部のボトルが当たりであった。総花的なワイン会ではなく、ひとつひとつのキャラクターを楽しめた。

午後2時に始まった会は4時すぎに解散となったが、実はこの日の夜7時から同じスタンプスで別のワイン会の予定が入っていたのだ。1955年生まれの知人医師の誕生祝い、兼、引退祝いの会である。ミッドタウンの「若冲と蕪村」展と国立新美術館の「マグリット」展で時間をつぶし、19時からワイン会に突入。

8人で飲んだのは、⑥ Fleury Doux 1997、⑦ Chablis Vaudésir 2008 Domaine des Malandes、⑧ Beaune les Avaux 1964 Jules Regnier（私の持ち込み）、⑨ Aloxe Corton 1955 Selection de Gérard Menet Cuvée du Château de Verneuil、⑩ Echézeaux 1992 Lucien Jayer（ルシアンが入院し、アンリが造った年）、⑪ Viña Real 1954 Rioja C.V.N.E.（demi）、⑫ Château La Tour Haut Brion 1955、⑬ Château Cos d'Estournel 1981、⑭ Vieux Rivesaltes 1959 M. Vila、「マッサン」の親類が持ち込んだ⑮竹鶴純米吟醸原酒。試飲会でもないのに、昼夜合わせて16種はさすがに新記録!! 〈2015.5〉

Chapitre 10

パストゥグランの古酒

ボジョレの村名ワインは意外と長熟で、以前飲んだ1947のムーラン・ア・ヴァンは、素晴らしいコンディションであった。しかし、パストゥグランとなると、かなり格が下がり、不安要素が増える。挑戦したのはヴィンテージ1957、しかもハーフボトルである。今回は料理名人の知人宅のホームパーティに持ち込ませてもらった。どれくらいの名人かというと、練り切りの和菓子をつくらせたらプロ並み、さらにあの「錦松梅」まで手づくりしてしまうという、つわものである。

ワインは持ち寄りで、以下の11種。Moët & Chandon Rosé Impérial / Nikolaihof Elizabeth Tradition 2010 / Bourgogne Passetoutgrains 1957 / Leroy Savigny-les-Beaune 1er Cru Les Vergelesses 1978 / Beringer Cabernet Sauvignon Private Reserve 1987 / Château Margaux 1986 / Leroy Vosne Romanée 1er Cru 1978 / Boisseaux-Estivant Pommard 1934 / Vega Sicilia Unico Reserva Especial / Gundel Tokaji Aszú 5 Puttonyos

2003 / Egon Müller Scharzhofberger Spätlese 1994

この中で私のもう一本の持ち込みは、ボワソー・エスティヴァンのポマール1934。これは何回も飲んでいるボトルなので安心の味。ドライプラムのコンポートのような、凝縮した甘みと酸味。時間がたっても凛(りん)としてへこたれない。やはり古酒はポマールかヴォルネーが一番安心して飲める。

問題のパストゥグランだが、AOCでは「ピノ・ノワールとガメイの比率は1：2」ということになっているようだ。正確にはピノ最低3分の1、ガメイ最大3分の2。さらに格下のグラン・オルディネールは特に比率の規定はなく、多くの造り手はピノを少量混ぜているだけらしい（2011年11月24日より「コトー・ブルギニヨン Coteaux Bourguignons」に改名されて、ガメイ100%も可能になった）。たいていは2000円以下のお手軽ワインであり（エマニュエル・ルジェはなんと4500円!!）、かなり短命なワインだ。

さて、エチケットは年代を感じさせる風格のあるもの。「Aux Fin Coteau」というネゴシアン名らしきものが書かれている。キャップシールは白銅で立派。コルクは意外と長く40㎜でしっかりしている。キアンティの古酒のような淡い茜色かと思いきや、しっかりした赤褐色で紫も残っている。ピノの古酒の奥にやはりガメイっぽい香りが見え隠れしている。ひと口目は健全で優等生なピノの古酒。ルロワのサヴィニーより濃いかもしれない。とんがった酸もなく、淡い甘みが心地よい。が、5分もすると舌の脇に触る酸味が立ち始め、ガメイの香りがムンムンしてきた。仲間たちと「ここまでかなぁ」と話しながら、次のワインへと宴会は進んでいった。しかし、30分後、もう一度グラスを回すと、ねっとりとしたピノの古酒の香りが復活していた！　味わいも甘く濃くなり、膨らんできている。先日飲んだ1964のジュヴレ・シャンベルタンの印象に似てきた。そして、例によっておいしくなってきたころには、グラスが空になってしまった。

15年ほど前にルロワのブルゴーニュ・グラン・オルディネール1937を飲んだことがあるが、素晴らしい古酒であった。昔はかなり質の高いグラン・オルディネールが多かったそうだが、10年前くらいからのボジョレの不況で、不良在庫のガメイを処分するための、レヴェルの低いグラン・オルディネールが出回ったため、2011年のAOC改正が行われたらしい。

同席した日本橋タカシマヤのワイン主任のSさんによると、パストゥグランではピノ1、ガメイ2の比率としながら、ピノをかなりたくさん入れている造り手も多くいるらしい。以前、彼がルロワを訪問した際に、マダムに「ガメイの比率は？」と聞いたところ、「全部ブルゴーニュの葡萄よ、うふふ」とのこと。どうやらピノの比率がかなり高いようだ。もしかして規定の最高比率、85%を超えているかも？

〈2015.7〉

Chapitre 11

ラフィットは小さい年！

前書『古酒礼賛』のあとがき（「偏人礼賛」）を書いていただいた麹谷宏さんから、ワイン会のお誘いが届いた。タイトルは「噂の『眠れる巨人』を飲み干す会」である。聞くと、「古酒と美食の会」として20回以上続いている由緒正しい飲み会のようだ。テーマはシャトー・ラトゥール1959とシャトー・ラフィット・ロッチルド1957の、ともにマグナムの飲み比べだという。これを見逃す手はないぞと、家内を伴い、赤坂まで出かけた。場所は酸辣湯麺でおなじみの今はなき「赤坂 榮林」の5階にあるワインサロン「ルヴェール」、そう、麹谷さんの朋友の山田晃通さんの店である。メンバーは20人で、「鼻から牛乳」の嘉門達夫夫妻をはじめ、半数以上は顔見知りのワイン仲間だった。都内のワイン愛好家はほとんどが「友人か、友人の友人」であるような気がしてきた。

この日の料理は「ロワール産ホワイトアスパラガスのデリス、トリュフのピュレ」に、なんと赤ナマコが添えられている！ 「季節野菜と活帆立貝のモザイク仕立て、トマトのクーリ」「ブルターニュ産オマールとジュ・ド・ヴォーのアンサンブル、ソース・ナンチュア」「平目のブレゼ、ジャン・ムーラン風」「シャンパーニュのグラニテ」「アイスランド産仔羊の鞍下肉とフォワグラのバロティーヌ、トリュフ風味のジュ」に、デザートは「ミント風味のフルーツスープ」であった。

さて、ウエルカムドリンクにレコマニの泡（名称失念）。乾杯はローラン・ペリエのグラン・シエクルだ。マルチ・ヴィンテージのアサンブラージュだけあって、落ち着いた、角のない、おいしいシャンパーニュである。白ワインは「Club des 50」で、田崎真也さんが「トップ・キュヴェとセカンドワインを50%ずつ混ぜてみたらどうなるだろう?」と戯れに、いや、試みに行ったプロジェクトである。ドメーヌ・ド・シュヴァリエとコス・デストゥルネルの赤と白に、ポンテ・カネ、ブラネール・デュクリュ、マレスコ・サンテグジュペリ、アンジェリュス、ラ・フルール・ド・ブアールの赤、ギローの貴腐ワインの全10種×各12本、計120本からなり、手にいれることができたのは会員の50人だ。このワインには決して転売してはいけないというルールがある。仲間でワイワイ飲むのが大前提なのだ。

この日はコスとシュヴァリエの白のヴィンテージ2011が用意された。と、ここでハプニングが！　コスの一本が見事なブショネであったのだ。20回を超える古酒の会で記念すべき初めてのブショネだそうである（皆さん、日ごろの行いがよろしいようで……）。このあたりでマグナムの抜栓が始まり、皆、ソムリエの周りへ集まってワイワイガヤガヤ。よって、白ワインの印象はどこかに飛んでしまった。
ラフィット1957のコルクは乾燥し、下半分が崩れたのに対し、ラトゥール1959のコルクはスクリューを少し入れただけで中に滑り、ソムリエナイフの回転とともにくるくる回る、緩めでウエットなものであった。最近話題の「ザ・デュランド」のソムリエナイフ“スクリューと2本のブレードのハイブリッド”を器用に使い、無事抜栓した。
ここで麹谷さん特製のマグナムワイン用デカンタが登場。かつて沖縄サミットの際、「出席者のどこの国のワインを出しても不公平になるから、全部の国のワインをブレンドしてサーヴィスしよう」という田崎さんの発案から、麹谷さんが依頼を受けて沖縄ガラスで作成したものである。詳しく聞くと、「ブレンドは均等ではなく、全部の国のワインが少しは入っている」というものであったそうだが……。つまり、アサンブラージュby田崎だったのだ。
さて、まずはレ・フォール・ド・ラトゥール1975が出されたが、これが前座とは思えないおいしさ！　続いてのラトゥール1959マグナムはPTラベルである。意外とタフさはなく、1959らしい果実味があるも、シンプルなまとまり方でやや残念。ラフィットの前座はデュアール・ミロンの1979である。これは優等生ながら、いかんせん、華奢（きゃしゃ）で寂しい。
そして、この日のマイ本命のラフィット！　1950年代の3年続きの小さな年、56・57・58の真ん中である。1874から1995までの39ヴィンテージを飲んだことがあるが、1957は初めて！　れんが色ではなく、艶やかな茜色。シガリロとバーキンの香り。艶のある酸と甘みのバランスがポマールを思い起こさせる。派手さがない分、時間がたってもいつまでも幸せが続いていた。やっぱりラフィットは小さな年が狙い目ですね。〈2015.10〉

Chapitre 12

パリのアンパンマン

パリ5区のラ・トゥール・ダルジャンの地下ワインセラーで、30年以上前から日本人が働いている。林秀樹、通称「ひーちゃん」だが、当家では昔から「アンパンマン」と呼んでいる。理由は見た目がすべてを物語る。パリではなぜか「ジャムおじさん」と呼ばれているらしい（名付け親は彼の友人、中山美穂・辻仁成元夫妻の息子さんだ）。冬でもTシャツと短パンにサンダル履きで、パリの名店にずんずん入っていくアンパンマンは、同じ日本人として誇らしかった。後日その短パンとTシャツのほとんどがエルメス製と聞いたときはとても驚いたが……。

アンパンマンとは20年くらい前、パソコン通信のニフティサーブの酒フォーラムで知り合った。当時のパソコン通信はインターネットのはるか前、電話の受話器につないだ音響カップラーで「ピーヒョロヒョロ」と音を立てながら256bpsという、のどかな通信環境で、もちろんテキスト通信のみであった。ちなみに、最近のインターネットは1Gbps(1000000000bps)とゼロが数えきれない世界だ。

その後、パリに行くたびに呼び出し、場末のビストロを教えてもらったり、一緒にサン・セバスチャンまで遠征したり。アンパンマンがカヴィストを務める地下セラーにも遊びに行き、19世紀のアルマニャックをごちそうになったりもした。実はここだけの話、このセラーは結構○○○が出るらしい。まあ、街中カタコンベの都市だから仕方がないことだけどね。アンパンマンが日本に帰ってくるたびに持参する古酒の会に参加したのも、私の古酒人生のひとつのきっかけである。2000年ごろは虎ノ門のヴァン・シュール・ヴァンでよく行われていた。そのワイン会の特徴は、すべてブラインドで供出することである。ワイン名やヴィンテージを当てることが目的ではなく、偏見をもたないでワインを味わってほしいとの気持ちからだという。ブラインドだが解答を求めず、ふた口くらい飲んだ後にボトルをオープンにする。ペルナン・ヴェルジュレスだと「フン」と言うくせに、DRCというだけで飲む前から「おいしい」と連呼するやからを排除するためだ。

Meursault Gèncvrères 1921 Morin や Fixin Clos de la Perrière 1963 Joliet といつた珍品ワインをいろいろ楽しんだものだ。しかし、2001年11月の会で La Tâche 1948のマグナムと Lafite 1952のマグナムを間違えたのは、私にとって正直、かなりのショックだった。ちなみに、この記事を書くために当時のワイン手帳を調べていたら、面白い記録を見つけた。「1997-9-11 麤皮（ステーキ店）の帰りにヴァン・シュール・ヴァンに寄って、Nuits St.Georges Lcs Meurgers 1978 H.Jayer、Chcval Blanc 1973、

Pommard 1990 Leroyを飲む」というもの。なんともいい時代だったよなあ……。

さて、アンパンマンが久しぶりに帰国したので、ワインをご一緒した。場所は広尾のア・ニュ　ルトゥルヴェ・ヴー。オーナーシェフの下野昌平さんは都内でヴァンサン、ル・ブルギニオン、渡仏してトロワグロ、タイユヴァンと、私の大好きな店ばかりで修業したイケメンである。引き合わせたら、「2年前にパリに行ったときに、地下セラーを案内してもらった」とのこと、再会を喜んでいた。

ランチだったのでワインは一本だけ。アンパンマンのヴィンテージに合わせて、Châteauneuf-du-Pape 1958 Paul Jabouletを選んだ。エチケットにはご丁寧に「La Grappe des Papes（法皇の葡萄）」と書かれている。ショルダーは3 cmと高め。オレンジ系のかけらもない、若々しい茜色。しょうが糖の香りに、リコリスが混じる。ひと口目から甘みののったタフなボディ。2杯目はさらに味が深くなり、まるでエルミタージュと間違いそうなマスキュランな法皇様であった。澱を飲もうとしたら、底にコルクの下5分の1が転がっていた。店のソムリエも抜栓には少し苦労したようだが、まあご愛嬌だ。

実は、アンパンマンは前日のワイン会で主催者に二次会まで引っ張り回され、深夜までスコッチ漬けにされたらしい。「おでこのあたりまで酒が詰まっている」と言っていたけれど、結局、ボトル半分ぺろりと空けてしまった。顔をかじると粒あんではなく、ウイスキー・ボンボンのように酒が染み出してくるのかもしれないよ。〈2015.8〉

1958
TRADE MARK
HATEAUNEUF-DU-PAPE
LLATION CHATEAUNEUF-DU-PAPE CONTROL
La Grappe des Papes
PAUL JABOULET AÎNÉ
TAIN · DRÔME · FRANCE

A&F

Chapitre 13

バタリーバタール

昔からの古酒仲間、埼玉の「ワイン中田屋」さんからワイン会のお誘いが届いた。バタール・モンラッシェばかりをヴィンテージ1945から2001まで縦飲みしようというのである。以前、同じメンバーでル・モンラッシェも比較したが、今回はバタール特集だ。1.9haの畑はピュリニーとシャサーニュに見事に半々に分かれている。

バタール（私生児）という名前は、12世紀の第二次十字軍のころにモンラッシェ領主の嫡男が亡くなって、非嫡出子が畑を継ぐことになった故事に由来するらしい。「私生児」の名前から、嫡男ル・モンラッシェが高くて買えない人のための廉価版代用品のようなイメージが付きまとうワインだが、造り手次第では、出来の悪い長男をしのぐことも珍しくない。

さて、会場は広尾のフレンチレストラン、アラジン！
僕が大好きな川崎誠也シェフの店だ。料理は定番のポークのリエットからスタート。これがおいしくて、いつもはグラスが3杯目ぐらいまで空いてしまうのだが、ここは1杯目の泡でぐっとこらえる。メニューは「赤万願寺唐辛子に手長海老とアヴォカドを詰めて」「帆立貝とセップ茸のキャベツ包み蒸し、枝豆トウモロコシ添えゆず風味」「阿寒湖ザリガニとジロール茸の軽い煮込み」「鮎のムニエル 肝とタプナードソース」「リ・ド・ヴォーのロースト」「ソルダムのコンポートとグラニテ、ヨーグルトシャーベット」「フォンダンショコラとオレンジシャーベット」と続いた。赤ワインなしのワイン会のメニュー選びにシェフはさぞ苦労されたことだろう。

ワインは Vénus Brut Nature Blanc de Blancs 2006 Agrapart & Fils：頃合いの熟成感で、ブラン・ド・ブランの角が取れ、落ち着いた味で好ましい。

Bâtard-Montrachet 2001 Philippe Brenot:

淡い茶色の入った金色。トップにわずかな苦みを感じるも、ボディはスティールのよう。大きめのグラスに移し替えると少し開いたが、最後まで半開のままであった。

Bâtard-Montrachet 1995 Louis Jadot：明るい

金色。香りもバランスもきれいだが、少しシンプルな印象。いわゆる優等生のバタール。

Bâtard-Montrachet 1987 Domaine Etienne

Sauzet：エチケットにはドメーヌ名のほかに「Cuvée André Paul」の文字が入っている。若い色調で苦みのない、きれいな酸。タフではないが、リッチなボディ。さすがのエティエンヌ・ソゼ、安心の白ワイン。

Chevalier-Montrachet 1984 Leflaive：これだけシュヴァリエ。トップからマンゴスチンの香りがむんむんと開いている。口に含むと豚足のような粘っこいグラ。美しい酸の後ろにある、それを支える柔らかい甘みがたまらない。やはり格違いの印象は否めない。凡百のル・モンラッシェに猛省を促すワインである。

Criots-Bâtard-Montrachet 1964 Edmond Delagrange：シャサーニュ側の1.6haのグラン・クリュ。色調はオレンジ系でやっと古酒のニュアンス。香りは、かんきつよりはダージリンのセカンドフラッシュ系である。柔らかく甘いグラに、いまだ果実系の酸味が心地よい。このボトルはボルドーのワイン商アレクシス・リシーヌから海外酒販経由、埼玉行きの旅人であった。

Criots-Bâtard-Montrachet 1945 Chanson Père & Fils：ここからはシャンソンの1945の水平比較。シャンソンといえば劣化は少ないが、上品できれいすぎ、悪く言うと「いつも薄味」のイメージだが、この時代のボトルには期待がもてる。どうやら二本ともリコルクのようだ。こちらも色調はお茶の水色（すいしょく）、どちらかというと青茶の色だ。香りはトップにマデイラが香るも、気にならない。ややギシギシした酸が引っかかるが、少したつと消えていき、落ち着いたバランスになった。

そして、Bâtard-Montrachet 1945 chanson：色調はほぼ同じだが、還元香はなく、最初から蜂蜜とレモンピール。小さめのル・モンラッシェのイメージ。バランスがよく優等生だが、面白みに欠ける。よくも悪くも「いわゆるシャンソン」かな。ル・モンラッシェは10から15年以上の熟成が必要だといわれるが、古酒ゾーンの30から40年以上たつ特級同士の畑の差はほとんどなくなり、造り手の個性と、ヴィンテージのポテンシャルがすべてを支配していく。そして保存の状態と、来歴の幸運さが古酒の個性を決めていく。最後は飲み手の日ごろの行い次第ということですね。

〈2015.9〉

Chapitre 14

第2回読者ワイン会

前回の読者ワイン会が好評だったため（自社比）、早速2回目の会が開催された。会場は愛宕の「S+」、田崎真也さんのレストラン。今回のテーマは「ワインの経年変化」だ。

まずは、ルイ・ラトゥールのアルデッシュ・シャルドネ1999でウォーミングアップ。ドゥミボトルだけあって適度に熟成が進みおいしい。続いて、Château Corton Grancey 1966 Louis Latour。コルクは3つに割れてしまったが、状態は健全。やや細めの閉じた印象。しかし予定どおり、甘みと酸味が開いてくる。グラもしっかりあり、タンニンの効きのバランスもよく、満足のボトルだ。参加者の中に1966年生まれの男性がおり、喜んでいただいたようだ。さらにルイ・ラトゥールつながり、生産者のスタイルなどが感じられるものをと、Beaune 1973 Louis Latour。エレガントながら、少し酸が目立つ。いかにもボーヌの古酒らしい、美しいピノである。

ここでお楽しみタイム！　リスト外のブラインドの登場

である。デカンタから注がれたワインは淡い褐色で、赤ワインとも白ワインともとれる。皆さんのご意見は、ジュラ、アモンティリャード、白くなったバローロなど。ヴィンテージは1945、1947という声が上がった。さて正解は、Champagne Chouilly Blanc de Blancs Brut 1952 René Legras。10年前に入手したもので、キャップシールに蜜が染み出している。液面はミッドショルダー相当で、底には細かい酵母の澱がたまっている。このためデカンティングをお願いした。どうせ泡は期待できないから。ミュズレは「CHAMPAGNE」とだけエンボスされたブリキの無地のもので、私が「農協キャップ」と呼んでいるものだ。コルクはカチカチに固まっているが、健全であった。

注がれたワインは濁りがなく、甘いナッツの香り。ヘーゼルナッツカフェのニュアンスである。泡は全くないが、舌の脇にわずかに発泡を感じる。柔らかい甘みはあるが、それ以上にきれいな酸が心地よい。個人的な印象ではロワールのシュナン・ブランの古酒かなという感じだ。時間とともに酵母の香りが立ち始め、最後は残念な状態になってしまった。ブラインドをオープンすると、妙齢の女性から歓声が上がった。銘柄を当てたのかと尋ねてみると、「生まれ年」だという。まずはメデタシめでたしである。

さて、ここからはバローロのテイスティングである。Giordano の Barolo 1964、1974、1981。なかなか味のあるボトルたちで、1964 と 1974 は白っぽい昔風のエチケット、1981 は黒っぽいモダンなエチケットである。ところが、1964 と 1981 にはボトルに紋章のエンボスが入っているのに、

1974は素ボトルである。テイスティングは古い順に始めた。
1964はヨード、鰹節のトップノート。なんと、ひと口目から甘みが押し寄せる。いつものバローロの黒砂糖系の味がなく、まるでブルゴーニュである。ブラインドならおそらくバルバレスコと言うだろう。1974は見るからに黒の勝った赤褐色、香りも黒糖むんむん、甘くジャミーで、ミーティ。これぞバローロ、教科書的なワインである。最後の1981だが、なんとも微妙な香り。誰もなんとも言わないので、持参者の責任として宣言した。「はい、ちょいとブショネです！」 果実味も細く、痩せた酸味が目立つ。ぶん回せばなんとかなりそうだったが、回して悪い香りが飛ぶにつれ、葡萄のよい香りも消えていった。
最後に、ややテンションの下がったメンバーにヴィノテークから素晴らしいプレゼントがあった。Scharzhofberger Eiswein 2002 Egon Müllerである。しかも、ドゥミボトルではなくフルボトルだ。吉田前編集長がエゴン・ミュラー・ジュニアから直々にプレゼントされたという。キラキラと残糖の舞う金色の液体は、まるでスノーボールである。鼻の奥、両目の付け根に抜ける心地よいエステル香、バルサムの香りである。アルコール濃度は6%。甘みはもちろん、官能的な酸が優秀なコンダクターとしてすべてを整えていく。聞けば、2000年代はこの年しか造られなかったらしい。温暖化で今後の頻度はさらに下がっていくことであろう。眼福ならぬ舌福に恵まれた一夜であった。 〈2015.12〉

Chapitre 15

雛にはまれな

昨年の夏はニューヨークの予定だったが、諸事情により屋久島に変更となった。屋久杉は見たいが、縄文杉まで往復8時間を歩く根性はない。でも、近場の無名の屋久杉やコケも素晴らしく、山歩きは3日で計3時間のみであった。宿泊はサンカラという島で唯一に近いリゾートホテルだ。

35歳・新婚の林謙児シェフ（徳之島出身）の料理は洗練されており、素晴らしくおいしかった。地元産の「縞鯵のミキュイ、焼き茄子のコンソメ」は久々の絶品であった。料理にはあまり期待していなかっただけに、うれしい誤算である。ただ、野菜とシーフードが多いので、ワインが選びづらい。ソムリエ氏と相談の結果、グラスワインを何杯かいただいた。

「ピノはどちらがいいですか」と呈示されたのは、誰かのジュヴレ・シャンベルタンと、もう一本はなんと、メオ・カミュゼのブルゴーニュ AC 2007！「わーすごい」と反応したところからワイン談議に突入してしまった。聞けば、当の橋本典雄さんはソムリエではなくこのリゾートホテルの支配人であり、神戸・北野の名店、グラシアニの支配人を兼任しているという。ヴィノテーク誌の話をしたら、「稲垣というのが昔からの知り合いですが、まだいますか」と聞くので「いまや編集長ですよ」と言うと、思いっきり驚いていた。

料理も終わったころ、彼が「そうだ！ 面白いお酒があるのですが、飲んでみますか」と言う。聞けば、100 年前のマールだという。もちろん、断るわけがない。

エチケットの絵柄はいかにもオスピス・ド・ボーヌ風。「Vieille Eau de Vie de Marc Monastère des Moines du Val d'Alton Dijon」と書かれている。その上から赤い重ね刷り（ちょっとずれているが）で「Marc de Bourgogne Appellation réglementêe par décret　Maison M. Doudet-Naudin」とある。好事家の客が来たら開けようと思って手ぐすねを引いて待っていたところ、一日前にチャンスが訪れ抜栓したという。ボトルはへその丸い旧式。ガラスには黒い澱がぎっしり、底には1センチ角の澱がたくさん遊んでいる。コルクは若くて膨らんでおり、リコルクは間違いなし。用心してブランディ・グラスではなく、INAO でサーヴィスされた。

色調はアッサム紅茶のような濃い褐色で混濁なし。アルコール濃度は 40% 近くに保たれている。香りはお約束の黒糖、プルーンのコンフィ。ひと口目からヴェルヴェットのような甘み。しかも、若い甘みが舌を包む。

さて、このマールの由来はというと、マルセル・ドゥテは 1849 年設立の老舗であったが、1939 年の冬、ドイツ軍がサヴィニーに到着する直前にカヴォー（カーヴの奥の小部屋）に40000本のワインを隠し、壁をふさいだそうだ。1944年にワイン造りを再開した後もあえてそのまま隠しておいたが、1955年に行政の指導で壁は取り壊された（課税の関係か）。最も古いマールは1905年のもので、ファミリー・リザーヴとして残されているらしい。このボトルはヴィンテージなしだが、1939年よりは前のもので、80年はたっているようだ。

漫画オタクでもある私の大好きな作品に、浦沢直樹先生の作画による『パイナップルARMY』という不朽の名作があるが、その中に「天国のワイン」というエピソードがある。偽ワインを造る名人という子どもが、親の借金を解消するために奔走する。元パルチザンでほら吹きの父親が家族を捨てて出奔するときに残した宝の地図を頼りに、フランス軍演習地の旧伯爵の城跡の地下に忍び込み、古いお宝ワインを見つける。その話の中のお宝は「ラフィット1927、1928、1929が300本」であった！　主人公で戦闘インストラクターのジェド豪士曰く、「ワインの寿命は30年。保存がよかったとしても期限切れだな」もちろん、ワインは膨大な利益をもたらし、ハッピーエンドとなるわけだが……。

さて、問題のマール、レストランでの売値を聞くと、ショットで8000円という。「じゃあ、もう一杯ください」と言うと、「え？　お金を払ってくれるんですか。では、今度はたっぷり注ぎますね」と。おや、1杯目はサーヴィスだったようだ。となると、ウラをかえして3杯目もお願いせざるを得ないわけで……、南国の夜は楽しく更けていった。酔った勢いで林シェフに「尊敬するシェフっている？」と聞いてみた。東京でブームの成澤由浩さんや須賀洋介さん、岸田周三さんらの名前が挙がると思いきや、返事はなんと「ムッシュ村上」（村上信夫さん）とのこと。さすが、これからも期待できそうだ。〈2010.1〉

Chapitre 16

涙の82　ラトゥール

2015年10月号でご紹介した麹谷宏さんの「噂の『眠れる巨人』を飲み干す会」、今回は「ボルドーの巨人たち」というタイトルで、シャトー・モンローズ、シャトー・ベイシュヴェル、シャトー・ラトゥールのヴィンテージ1982のそろい踏みである。メンバーは16人で、ワインは各2本ずつ。バロン・ド・ロッチルドのシャンパーニュに続いて、シャトー・カントナック・ブラウンとシャトー・ランシュ・バージュの白が供された。ヴィンテージはともに2012。個人的な好みはランシュ・バージュかな。

メインの1982の前に、ボルドーの地図を使ってミニレクチャー。ほぼ等間隔の距離にシャトーが並んでいる。

まずはモンローズから。若々しい果実と、タンニンの骨格がやっとやっとお互いを認め合ったような“熟成の第一ピーク”。シャトー・タルボと並び「我慢のワイン」といわれるモンローズだが（個人の見解です）、やっとおいしいワインになってくれた。次はベイシュヴェル。骨格が細めだが、繊細で落ち着いた熟成で楽しいワインだ。個人的には5年前か20年後に飲みたいと思った。

と、ここで会場となったワインサロン「ルヴェール」の店主、山田晃通さんから「皆さん、悲しいお知らせがあります」と突然のアナウンスが！　メンバーにはどよめきが走った。「ラトゥールのキャップシールを剥がしてみたら、なんとコルクが落ちていました！　数日前にチェックしたときにはワインの色が濃すぎて、浮かんでいるコルクが見えなかったのです。キャップシールはしっかりしており、液漏れはありません。どうやらかなり前から落ちていた模様です。幸いもう一本は問題ありません」「ご安心ください！　予備にムートンの1972がありますので、これでご容赦願います」

もちろん、不満のあろうはずもない。問題はダメージワインの行方だ。と考えていたら、「マデイラ化しているみたいなので、大きなグラスで回しますから、ご希望の方はお味見を」とのこと。空いた白ワイングラスに少し移し香りをかぐと、確かに軽いマデリゼ。恐る恐るなめてみると、あれ？　おいしい！　ボルドーグラスにたっぷり注いでもらい、ゆっくり味わってみる。アフターにネガティヴな苦みが残るが、マデイラ香はしっかり熟成したボルドーとしておかしくはない。古酒専門家としての意見を求められたので、「過熟なだけで健全。30分もすればもっとおいしくなるはず」とコメントした。嫌な苦みは予定どおり消えたが、果実の甘みはイマイチ開かず。グレート・ヴィンテージの果実のパワーで、不幸な晩年を力ずくで抑え逃げ切り、という感じかな。ブラインドなら1958とか1960と言うかもしれない。

さて、もう一本のラトゥール1982だが、ちょっとだけブショネ香が……。しかし、圧倒的な果実のおかげでおいしくいただいた。バックアップのシャトー・ムートン・ロッチルド1972は、1973年に一級に昇格する直前の「二級最後の年のムートン」である。1972というプティ・ミレジムのせいか、優しさが目立つ、しかし安心のムートン味。いつもの「バナナの香り」は控えめであった。

麹谷さんにはいつもおいしいワインをご馳走になっているので、最後に、内緒の差し入れを一本用意した。ソーテルヌのシャトー・ギロー1953である。ボトルのエチケットは一般ボトルと違う。どうやらネゴシアンボトルのようだ。「société anonyme」と書かれていたので無名会社のことかとも思ったが、調べると「株式会社」、つまり「LTD」のことであった。プレゼンターの特権で、もちろんブラインドで出させていただいた。色調はマンダリンオレンジ、心地よいエステル香と遠くにハッカの香り。酸のキレもよく、きれいに枯れたソーテルヌであった。　〈2016.2〉

Chapitre 17

思い出のバーテンダー

先日、友人が青山のブルーノートに誘ってくれた。この店は月一ぐらいで行っているのだが、ジャズもお酒同様古いものが好きで、家では1950から1960年代のレコード盤をスクラッチ音とともに楽しんでいる関係上、昔のプレイヤーが来たときにしか行かない。今回はロバート・グラスパーという人で、知らなかったのだが、二度もグラミー賞をとっているという。演奏は素晴らしく、モダンとアンビエントが混じった不思議なグルーヴ感であった。友人は前日パリから戻ったばかりなのに、この後のセカンドステージも聞くのだという。

友人を店に残し外に出たが、まだ時間が早いので、久しぶりに恵比寿のバー・オーディンに寄った。開店21周年なので、お祝いがてらのぞいてみたのだ。先日は北海道からヒグマを一頭買いし、自分で解体、料理し、お客に振る舞っていたという“おかしな店”である。

いつものモスコミュールの後、「何か面白いラムはないかなぁ?」と聞くと、何本かボトルを出してきた。その中から戦前のバカルディ・ホワイトを選択。エチケットには「Ron Bacardi Superior di BACARDI」と、その下になんと「Santiago di Cuba」の文字が！　戦前、バカルディの本社はキューバにあったが、カストロ革命後に国有化政策による接収を恐れ、バミューダ諸島に移転した。現行のボトルには蒸留設備のある「Puerto Rico」と書かれている。かなり値が張りそうなので、ハーフショットのストレートで注文した。

色はノン・ヴィンテージ・シャンパーニュのよう。白砂糖の砂糖水の香り。酒精は30％くらいか。なぜかかんきつ類の香りがし、優しい戻り香が鼻をくすぐる。大満足で、「もう一杯、別のものを」と頼んだら、「デメララはいかがですか」と言う。

デメララとはガイアナに流れる川の名前で、この辺りのサトウキビは濃厚な味がありデメララ・シュガーと呼ばれ、イギリスの菓子づくりには欠かせないものらしい。このサトウキビから造られたラムは独特の風味があり人気が高い。有名なレモンハートでも出てくるのかなと思ったら、取り出したのはケデンヘッドである。え？　グリーンラベル⁇

もしかして？　エチケットを詳しく見ると、「CADENHEAD'S Green Label Demerara Rum Distilled 1975」とある。間違いない！　昔、銀座のトニーズバーでよく飲んでいたボトルだ！

ひと口含んだ途端に、プルーストの『失われた時を求めて』の「紅茶に浸したマドレーヌ」のように当時の記憶がよみがえってきた。銀座といっても、土橋を越えているから新橋一丁目か。トニーズバーは1952年創業で、伝説のバーテンダーのアントニー（松下安東仁）さんの店である。

私には東京に出てきたての1990年ごろ、図書館の本で調べて、有名なバーを片っ端から回っていった時期があった。サンスーシー、EST、ガスライト、関内のパリなど若造には不釣り合いな店を訪れていたが、大好きだったのはファースト・ラジオ、クール、そしてトニーズバーだ。

常連に混じって一番奥のカウンターに潜り込み、アントニーさん秘蔵のボトルをいろいろ経験させてもらった。カウンターの後ろのサイドボードにあったケデンヘッドを見つけ、ショットで注文し、あまりのおいしさに感激。「もう一杯、同じものを！」とお代わりを注文すると、「こんなうまい酒はひと晩に何杯も飲むもんじゃないよ」とたしなめられたことを昨日のように思い出した。アントニーさんが亡くなった後は、妹のベッティさんが店に立たれていたが、残念ながら2009年に閉店してしまった。

このボトルの写真をFBに上げたところ、くだんの友人から早速コメントが入った。パリを出発する日に、例によってパリの日本人シェフたちを集めて振る舞い酒の宴会をしたらしい。別のビストロでの二次会で「お礼に」と出されたラムが全く同じデメララ1975だったという。まさに時と地平を超えた酒だ！

〈2016.3〉

CADENHEAD'S
GREEN LABEL
Demerara
Rum
DISTILLED 1975
Bonded and Bottled
in Scotland
Distilled in 1975
Produce of Guyana
70cl
40.3%vol
Wm Cadenhead Ltd.
Campbeltown, Scotland

Chapitre 18

グランジ1953

オーストラリアワインのトップスターといえば、ペンフォールズのグランジ・ハーミテージとヘンチキのヒル・オブ・グレイスである。グランジ・ハーミテージはフランスの AOC 委員会からのクレームのせいで「Hermitage」を取って、シンプルに「Grange」と改名したらしい。

ペンフォールズは 1844 年、イギリスから移住してきた医師のクリストファー・ペンフォールズが興したワイナリーである。ボルドーの 50 年物の古酒に感動した醸造責任者マックス・シューバートが長期熟成ワインを目指し、グランジ 1951 を造った（※ 1951 は実験的、1952 から商業ベースでリリース)。今までに私の経験したヴィンテージは 1993、1975、1975、1975、1986、1973、1986、1984、1995、1983、1975 と、準古酒ばかりであった。

さて過日、ブルース・ミラー駐日オーストラリア大使からうれしいお誘いをいただいた。「ペンフォールズ ワインディナー」である。当日は冷たい雨、大使館正門を通り過ぎ、隣の公邸入口から招き入れられた先は、日本の屏風とアボリジニ・アートの飾られたホワイエである。手渡されたウエルカム・ドリンクはシャンパーニュではなく、ペンフォールズのビン51リースリング2015である。

お会いしたミラー大使は素晴らしく流暢な日本語の使い手で、ひと安心。ゲストの面々は主催者のサッポロビールのワイン戦略部長、星のや軽井沢の総支配人、東京芸術劇場広報営業課長、国連難民親善アスリートの野球評論家夫妻、ダンディなタレントの中村孝則さん、建築家の丹下憲孝さんら。そして、われらが有坂芙美子女史である。

プライヴェート・ダイニングに場所を移し、4代目醸造責任者のピーター・ゲイゴさんの水先案内のもと、ディナーが始まった。テーブルに用意されたナプキンは面白い形に折られている。よく見るとシドニーのオペラハウスのシルエットではないか！　開いてもう一度同じ形に畳もうとしたが、出来上がったのは残念ながらエアーズロックであった。

日本とオーストラリアの食材をアレンジした素晴らしい料理に合わせて供されたワインは、ヤッターナ・シャルドネ2013、ビン28シラーズ・マタロ2012、ビン407カベルネ・ソーヴィニヨン2012、そしてメイン・イヴェンターはグランジ・シラーズの2002と2005である。ゲストからの「Yattarnaの正しい発音は？」との質問に「日本語のヤッターな！　と同じ」とのこと。意味は「little by little」（ぼちぼちいこか）だそうだ。

さて、ペンフォールズといえば「Bin」だが、これは、もともとは地下セラーの保管区画番号らしい。しかし、現在はワインシリーズの商品名になっている。ちなみに「Bin

1」はグランジのことである。この日の 2002 と 2005 は若いなりに、ともに素晴らしいコンディションのボトルであった。遅れて参加した辰巳琢郎さんから「こういう会では必ずサプライズワインが出るものですが、今日は何が……」と厳しいコメントが出たが、ゲイゴさんに軽くスルーされてしまった。

グランジはどんなヴィンテージでも 40 年以上安心して飲めるという話から、グランジの熟成の話題となった。ペンフォールズはオークション・ハウスと提携し、世界中で 15 年以上たったペンフォールズのワインを 1 回のみリコルクするという。「目減り分は同じ年のワインを足しているのか」と聞くと、「15 ㎖程度なので、新しいワインを足す」と、あっさり言われてしまった。リコルクはグランジでなくても OK で、ヴィンテージ 1930 のワインも行ったらしい。このリコルク・ツアーは 24 年間で 12 万本行い、しかも、すべて無料だというから驚きだ。さらに、ゲイゴさんから「多くの人はワインを長く保存しすぎる」「せっかくのワインを買ったのに、大事に保管しすぎてピークを逃している」と、古酒マニアには厳しいお言葉も出た。

締めのグランドファザー・トウニー・ポート NV を楽しみながら、話は古酒の話題になり、ゲイゴさんに「今飲むならグランジの最高の年は何年でしょう？」と聞くと、「1953 が素晴らしい飲みごろ」と、明快な返答。すかさず辰巳さんから「それが今夜のサプライズワインですか」とのツッコミが入ったが、またもやスルーされてしまった。「では、アデレードのセラーへ行けば飲ませてくれますか」

と食い下がったが、「残念ながら、セラーにもエノテーク・コレクションしか残っていない」と、つれない返事であった。

〈2016.4〉

Chapitre 19

ロマネ･コンティ1929

「なんとなくいかがわしいロマネ・コンティ(DRC)があるのですが、一緒に飲みませんか」と、遠藤利三郎商店の遠藤誠さんからお誘いが届いた。参加表明後に送られてきた画像を見ると、なんと「1929」とある。一本持ち寄りというので、セラーノートを調べて、「ピノの熟成の比較用に、ポマール・レゼプノ1929を持参」と返信した。

セラーを探してみると、あれ？ 見当たらない！ どうしよう？ ヴィンテージぞろいでシャトー・デュクリュ・ボーカイユ1929か、AOCご近所でヴォーヌ・ロマネ・プルミエ・クリュ1934か。メンバーに聞いてみると1934が人気だったので、そちらにした。

開催は昨年11月、場所は押上。待ち合わせまでに時間が余ったため、ついふらりとかの高い所へ。でも、やはり私は東京タワー派だな。エッフェル塔建設当時の「上れば無粋なものが見えなくて、よい眺めだ」という、はやり文句がちょいと染みる。

メンバー8人は『神の雫』の原作者、ワインスクール講師、ワイン醸造家ら、つわものぞろいだ。ワインの順番だが、気になる疑間は早く解決しようということで、まずロマネ・コンティ、あとは古い方から新しい方へということになった。

シャンパーニュ・インフィニット・エイト2002で乾杯のあと、早速、Romanée-Conti 1929に取り掛かる。エチケットは非常にきれいで、瓶の底は戦前のブルゴーニュ風にへそが高く玉がある。しかし、ワックスキャップは雑で、しかも一部剥がして、また上から少しかぶせたような稚拙なものだ。例の羽根＋スクリュー合体型のオープナーでトライすると、コルクがカチカチでなんと羽根が入っていかない！　なんとか頑張って抜栓してもらったが、コルクは短く真っ白である。長さ40mmくらいで、DRCの文字も畑の絵も焼かれていない。「MIS EN BOUTEILLE AU DOMAINE」とだけ焼き印があり、その下に年号がある。え、「1970」？　いや、「1929」とも読めるか。しかし、「19」の「9」と「29」の「9」の書体が違う。もしかして、年号は手書きかも??　このあたりで会場は騒然となってしまった。

さて、グラスに注がれたワインは異常に明るい茜色、エッジの色はというと、エッジがほとんどない！　香りは、かき氷用のいちごシロップ。恐る恐る口に含むと、細い甘みに平凡な酸、アルコール濃度はわずかに、3～5%くらいだろう。あちこちで「体によくない、飲まない方が……」との声が起き、この時点で偽物であると確定した。

ボトルの底を見ると一人前に澱がたまっていた。ただし、見るからにまずそうな泥状の澱ではあるが……。エチケットがきれいすぎるのはリコルク時の再印刷としてあり得るのだが、通常のDRCと違い、「VIGNE ORIGINELLE FRANÇAISE NON RECONSTITUÉE」の文字が入っている。さらにその下には「APPELLATION ROMANÉE - CONTI CONTRÔLÉE」とAOC表記が。とここで、どなたかが「INAOがAOCを制定したのは1935年のはず。1929年にAOC表示を入れているのはおかしい」と指摘。さすが、つわものワイン探偵団である。

ひとりのワインラヴァーが本物のロマネ・コンティ1929を持っているというので、エチケットの画像を拝借し、比較してみた。メイン・エチケットに上記のAOCなどの2行の印刷はなく、年号表示の入れ方も後印刷である。何よりエチケット全体の雰囲気というか、オーラが全く違う。メンバーの意見は南仏の安酒を水で割って詰めたのではということで一致した。

さて、このボトルの由来を遠藤さんに聞いてみた。10年以上前に損害保険会社の知人から、鑑定を依頼されたという。某有名会社が倒産し、管財人が入ったのだが、社長個人のワインコレクションの評価額がつかめないというのだ。現場に出向いてみると、かなり素晴らしいコレクションがあり、アンリ・ジャイエやDRC、ムートン・ロッチルドがどっさり並んでいた。しかし、その中にポツンと違和感のあるDRCを発見した。ほかのDRCは結構若いヴィンテージなのに、これだけ1929と特に古く、雰囲気が見るからに怪しげ。「これは偽物の可能性が高いので、価格を付けられない」と管財人に言うと、「いくらでもいいから買い取って」と頼まれた。遠藤さんはこのギャンブルにウン万円を投資したらしいが、万馬券狙いとして私には真っ当な支出に思われる。

このあと、Vosne Romanée 1934、Château Ausone 1937、Château d'Yquem 1935 と怒涛のワインが続くのだが、実はもうひとつ、大事件が待ち構えていたのだ。（つづく）

〈2016.5〉

Chapitre 20

ブルータス、お前もか！

さてロマネ・コンティ1929が偽物だったという、興奮冷めやらぬワイン会の続報。

3本目のワインはDRCつながりで、DRC Bourgogne Haut-Côte de Nuit 2010だ。これは健全そのもの、素晴らしくおいしい。次が私の持ち込み、Vosne Romanée 1er Cru 1934。ネゴシアン物だが、その名前は入っていない。キャップシールはなく、コルクは4㎝。抜栓時に下半分がボロボロになってしまったところを見るとノン・リコルクのようだ。こういうワインは極旨かボロボロかのどちらかなので、デカンタージュをお願いした。色は黒に近い赤褐色で濃厚、香りはトップから黒糖、廃糖蜜が全開である。舌の脇に金属味が引っかかる以外は素晴らしい状態であった（自画自賛）。

続いてはChâteau Ausone 1937、シャトー・リコルクである。コルクに「RC 2000」とちゃんと刻印が入っている。グラスを顔に近づける前から「エッチ香」がムンムン！

甘、酸、渋が三位一体化し、麺つゆの原液のようなうまみの塊だ。グラスをくゆらすたびに、いろいろなおいしさが何層にも顔を見せてくれる。ボルドーの古酒の教科書的な素晴らしさである。15Pで書いた「いつかは本当においしいオーゾンヌが飲みたい」という長年の野望がついに達成された。「もうこれ以上、オーゾンヌを追っかけなくてもよい」とさえ思ったくらいだ。次はChâteau Haut-Marbuzet 1978。当時はアサンブラージュをすることなく、樽から直接瓶詰めしていたらしい。熟成感はしっかり出ているのだが、わずかにブショネか。Château Pavie 1983は酸が強めだが、甘く優しい仕上がり。Dominique Laurent Chambertin 1981は若くチャーミングで、30年以上たってやっとほほ笑みを見せてくれたという印象だ。そしてメンバーのひとり、中央葡萄酒の三澤彩奈さんはCuvée Misawa Ridge System 2012を持参。高畝で栽培される、素晴らしい凝縮度のカベルネ・フランである。10年の熟成を目指して醸造しているということだが、30年はしっかりもちそうなタフガイである。

さて、次のワインは超珍品だ。Vosne Romanée 1er Cru Grappillage 2011というドメーヌ名もネゴシアン名も書かれていないワインである。グラピヤージュとは、収穫が終わった畑で摘み残した葡萄をとること、つまり「落穂拾い」である。このボトル、実は超有名ドメーヌの「落穂」を集めて造られた門外不出の自家用ワインなのだ。事情があってそのドメーヌ名はここには書けない。そのドメーヌの特徴あるニュアンスはないものの、かなりのクオリティの味わいであった。そして、マンズワイン 善光寺1980が出された。リリースは1990年で、あまり褐変はしていない。ドライ・フィニッシュでやや細めだが、グラーヴの白のような風格で悪くない。

第四コーナーを回って、ここからは甘口ワインとなる。次のRatafia 2012がまたも珍品。裸ボトルに白いペイントマーカーで「R 2012」としか書かれていない。実は先ほどのヴォーヌ・ロマネと同じく、超有名ドメーヌがグラピヤージュにマールを入れて造った幻のラタフィアなのだ。色は浅く、甘みも極めて上品。約束でドメーヌの名前を明かせないのが、本当に残念である（大文字で3文字、わかりますよね）。

大トリにはなんと、Château d'Yquem 1935が用意されていた。オリジナルらしいきれいな一本入りの木箱に入っている。エチケットは比較的新しいので、蔵出しかもしれない。ただ、色がかなり明るく、戦前のイケムとは思えない色調である。キャップシールは健全。抜栓はというと、かなり硬いコルクで真っ白！　まさか！　グラスに注がれたワインはほのかなエステル香はあるも、素っ気ない。口に含むと、淡い甘みと淡い酸味と、淡いアフター……、ブラインドならシャトー・メイネ・デ・カルムの1990年代前半という印象だな。皆の顔が曇ってきて、雰囲気が淀みかけたところで、持参したその人が「あ！　これはだめです！　偽物ですね！」と宣言してしまった。ワインの来歴を聞くと、知人が以前フランスで入手し、ハンドキャリーで日本に持ち込んだらしい。そのつもりで見直してみると、木箱の側面の紋章は本物そっくりの焼き印で1935の文字も入っているが、ふたの上にイケムの名は焼かれていない。エチケットはきれいなフォントでどう見ても本物である。コルクには1935の焼き印があるが「Yquem」という焼き印とはフォントが違っている。瓶の底には酒石酸や残糖の析出が見られず、代わりに淡褐色の澱があった。なんと、ひと晩で2本の偽物を引き当ててしまった。しかも戦前のイケムとロマネ・コンティですぞ！　あまりの珍事に誰も怒る者はおらず、皆笑いこけている。なんとも楽しい一夜でした。

〈2016.6〉

Chapitre 21

馬馬虎虎（マーマーフーフー）

恵比寿に「虎の穴」という焼き肉の名店がある。社長の辛永虎さんが韓国で極上のかき氷マシンを見つけオープンしたのが、中目黒の「果実倶楽部」という店だ。この店の裏口を開けると、そこは秘密のTボーン・ステーキ店「裏虎」である。先日、裏虎で飲んでいたときに、辛さんから「秘密のワイン会をやろう！」というお誘いを受けた。定員30人ほどの店を6人で貸し切るというぜいたくだ。俳優で辛さんの友人の石田純一さんも見えるという。石田さんとは1954の同い年なので、「いつか1954のChâteau Cheval Blancを飲みましょう」と約束していた。そこで、セラーを探すと、2本見つかった。しかし、エチケットが全く違うボトルである。この2本を提げ、スイスシャレーの中上スミ子さんを誘って店に向かった。

バロン・ロッチルドのシャンパーニュ、マルトレのコルトン・シャルルマーニュ2007から宴は始まった。酔っ払わないうちに貴重なものを味わおうと、次からは古い順に開けることにした。ということで、シュヴァル・ブラン。一本はヴァン・シュール・ヴァンから購入したボトルで、「PTコレクション」のシールが貼られている。1602年にロンドンで銅メダル、1878年にパリで金メダル受賞とある。もう一本はシャトーの絵が描かれた、見慣れないボトルである。描かれている建物は左翼に尖塔のある現在のシャトーと同じだ。ネゴシアンボトルだと思っていたが、どこにもネゴシアン名は入っていない。どちらのボトルにも「1er Grand Cru Classé Saint-Émilion」と「HÉRITIERS FOURCAUD-LAUSSAC」の記載があるが、PTボトルにはちゃんと「Mis en bouteille du Château」と書かれている。謎のボトルには甲冑と盾の紋章が書かれ、そこには「SUPRA SEMPER VERITATE（常に真実とともに）」とある。エチケットの隅に小さな文字で「Imprime en France BERTHON UBOURNE」と書かれているが、ネゴシアンではなくエチケットの印刷業者の名のようだ。

PTボトルは比較的きれいなコルクで、30年ほど前のリコルクか。紫の残るタフな色調で、トップからむんむんのサンテミリオンだ。ひと口含んだだけで皆の口から「おー、いつものシュヴァル・ブランの味だ」と声が上がった。いまだに葡萄果実の風味が残り、若々しい還暦＋αワインである。

もう一本は短いボロボロのコルクで、明らかにノン・リコルクだ。褐色の強いあせた茜色で、スチュードプラムの香り。やや酸味が目立つも、柔らかくバランスのよい古酒である。やや金属味が舌の脇に引っかかる。ブラインドならポマール・レゼプノと言うかもしれない。サンテミリオンには樽売りをするシャトーがたくさんあり、シュヴァル・ブランは1969年まで樽売りをしていた最後のシャトーらしい。エチケットに「FOURCARD-LAUSSAC」と、ちゃんと当時のオーナー名が入っているし、これはネゴシアンボトルではなく、樽買いをしたコレクター詰めではないだろうか。

1832年にデュカス家は、隣の200haもの大地主フィジャックから、現在のシュヴァル・ブランの畑を購入した。1852年に一族の娘ミレ・デュカスがジャン・フールカール・ローサックに嫁いだ際、この40haの畑が持参金になったという（ワォ！　すてき）。その後、ローサック家が長きにわたり所有し続けていたのだが、1998年、ベルナール・アルノーとバロン・アルベルト・フレールに13500万ユーロで売却した。そして、2009年にLVMHグループの手に落ちた。うわさでは1500万ユーロの価格がついたとか（1haあたりですよ!!)。もちろん、これはボルドーの高値新記録だそうである。

さて、ワインに話を戻そう。このあとは中上さん持参のChâteau Léoville Poyferre 1959 H. Cuvelierである。もちろんノン・リコルクのネゴシアン物、今とは違うエチケットだ。甘く優しく美しいサン・ジュリアンの古酒である。石田さんのハンドキャリーはChâteau Mouton Rothschild 1989だ。思いの外、出来上がっており、素晴らしく飲みごろだった。辛さんからはChâteau Margaux 1994のマグナム。これも素晴らしくおいしいのだが、さすがに6人の会ではボトルの半分を残すという失態。

料理は厚岸の牡蠣、毛ガニ、水だこ。博多の野菜サラダ、炊き合わせ。メインのTボーン・ステーキ以上においしかったのは、1kg を超えるハラミの塊のローストだ。デザートはかき氷3種（メロン、いちご、きな粉）で、さすがに後半は頭痛がしてきた（医学用語で Ice-cream headache という言葉があります）。ちなみに、タイトルの「馬馬虎虎」とは、中国語で「ぼちぼちでんな」という意味。敬愛する開高健大兄がよく使っていた言葉である。ま、2本の白馬を虎の穴の裏虎で、という程度の意味でした。〈2016.7〉

Chapitre 22

古泡会

ワイン会仲間のワイン中田屋（埼玉）から、シャンパーニュ古酒がテーマのワイン会のお知らせが届いた。2004年から1942年までのいろいろなメゾンのボトルを楽しもうという会である。せっかくなので、この機会に古泡の基準スケールを考えてみた。

VB：Very-Bubbly　直後に泡の層が多重、

B：Bubbly　泡の層が一層、

3s：3-strings　上に層はなく泡が三本、

1s：1-string　泡が一本、

WB：Wall-Bubble　グラスの壁に泡粒、

Z：Zero　全く泡がない。いかがでしょうか。

① Moët & Chandon Brut Impërial

2004年前後のリリース。淡黄色、マンゴーの香り。泡は3sとかなり弱い。こなれたドゥミ・セックのような風合いで、大好きな味。

② Louis Roederer Brut Premier

エチケットの右下にIDナンバーと3Dコードが印刷さ

れている。これをメゾンのウェブサイトで検索すると、「1999のキュヴェ、2002年にデゴルジュマン」との情報が得られたそうだ。なかなか素敵なシステムである。泡はVB、甘い香りが立ち込めるが、味は意外とドライ・フィニッシュで細め。

③ JM. Gobillard & Fils Brut Tradition

インポーターラベルに「トーメン」とある。トーメンがトーメンフーズに変わったのは1999年なので、それ以前のボトルのようだ。ちなみに、三美からワイン部門を営業譲渡されたのは1995年なので、そのころかもしれない。泡はB、金色で最初からべっこうあめの香り。トースト、ナッツも出ていて、きれいな熟成である。

④ Veuve Clicquot Ponsardin Brut

こちらのバックラベルは「ルイヴィトンジャパン」だ。「LVMH」でも「MCH」でもないので、1990年代中ごろか。泡はWBで、カラメルやモカが香るが、味はキレキレのきれいな酸。氷あんずの味を思い出した。

⑤ Guy Charlemagne Blanc de Blancs Brut

こちらも「トーメン」ラベルなので、1990年代半ばであろう。泡は少なく3s、ライチーとレモンピールが香る。石灰味を強く感じるが、味のバランスはよい。やっとこなれてきたブラン・ド・ブランというところ。

⑥ Leclerc Briant Blanc de Noirs Brut

このボトルのインポーターも⑤と同じだが、住所が東京ではなく、大阪市中央区になっている。さらに「果実酒」シールも付いており、1990年前半のボトルだろう。コルク内面に酒石の付着がある。この一本だけが何年もセラーで寝かさず立てた保管だそうだが、熟成の差異は感じなかった。泡はB、ブラン・ド・ノワールにしては酸が立っている。もともと酸の強い年なのかもしれない。

⑦ F. Bonnet Père et Fils Blanc de Blancs 1er Cru Brut 1974

オジェ村のRMで、エチケットのヴィンテージ部分はちぎれて「19xx」としか確認できない。海外酒販のリストを信頼しての1974である。泡はZ。赤みがかった金色で、香りはほとんどない。しかし、すぐにメープルシロップの香りとあんずの酸味が出てきた。どんどん味のページが広がっていく、堂々とした古酒である。この日の白眉。

⑧ Victor Clicquot Extra Dry

1940年代リリースのボトルらしい。エチケットの上に赤いスタンプが押してあり、イギリス政府の輸入許可とともに「Agreed Maximum Retail Selling Price 23/bottle」と書かれ、「ホテル、レストランでの販売禁止」とも書かれている。コレクター用に23ポンド以下で販売されていたのだろうか。泡はZで、酢酸エチルの香り。ブラインドなら1940年代後半のムルソーという印象。きれいな酸である。

⑨ G.H. Martel & Co Extra Dry 1942

ヴィンテージはエチケットの中にしっかり残っている。⑧と同じ赤スタンプが押されているが、後半は「ホテル、レストランでの消費販売可能」と少し文言が違うようだ。もちろん泡はZ。パウダーシュガーの香り、「ボンタンアメ」

の酸、エレガントなバランス。この日のメンバーは８人で、主催者のふたりを除いた６人のうち医師が４人。私以外の３人は全員、なぜか眼科医であった。なぜに？　〈2016.8〉

Chapitre 23

1955年　還暦パーティ

2015年は1955年生まれの人が還暦を迎える年であった。おかげでヴィンテージ1955のワインを飲む機会がずいぶん多かった。その中でも最も気合いが入っていたのは、京橋のシェ・イノでの会であった。

メンバーは主催者の社長夫婦とその会社の顧問会計士、私を含むワイン仲間5人（うち、ふたりは関西から）の計8人である。いつものワイン会とは違い、気合いを入れて、エルメスのオーダーレザージャケットに身を包んで会場に向かった。お祝いの手土産に用意したのは、以前イギリスのコッツウォルズの骨董屋で手に入れた、200年前のアンティークのワインデカンターである。

古賀純二シェフの料理は、温泉卵の黒トリュフピュレ、オマールと白アスパラガスのサラダ、フォワグラのキャベツ包み、舌平目とホタテのムース ソース・アメリケーヌ、野鴨のサン・ユベール風など。

さて、最初に登場したボトルはKrug Private Cuvée 1955のマグナムである。1970年代以降はコレクションと改名しており、現在はプライヴェート・キュヴェは造られていない。ボトルの首にはコレクションのような金属プレートが付いておらず、紙の紋章である。エチケットには「Great Britain」と「Extra Sec」の文字が書かれている。おや、「Extra Dry」ではなく「Extra Sec」とは英仏混合の奇妙な表示だ。購入先は“名物おばちゃんがいた時代の横浜そごう”とのこと。伊東賢児シェフソムリエの抜栓は残念ながらふたつ折れで、ソムリエナイフの世話になった。

色調はクリア。銅色がかったオレンジ色で、リングは緑。泡は全くなし。気泡の代わりに、細かい繊維状の澱が舞っている。香りはシェリーや紹興酒ではなく、白バルサミコ。切れ味のよい美しい酸味がまだ余力を残している。舌には泡の刺激。え？　そんなはずはない、これは酸の刺激だ。酪酸かなと思い、伊東ソムリエに聞くと、「リンゴ酸ではないか」とのこと。少ししてカラメル香はするも、酸の角がなかなか取れない。45 分でやっと蜂蜜のニュアンスが出始め、3 時間後もまだテイスティであった。

白ワインは店のセラーへのオーダーで、Meursault Perrière 2001 Comtes Lafon。淡い黄色で素っ気なく、寝ぼけている感じ。クリュッグがすごすぎたせいか。2 本開けたが、1 本は結構しっかりしていた。しかし、前後のワインに挟まれて気の毒な厄日であった。

次は Vosne Romanée Cros Parantoux 1990 Henry Jayer のマグナムである。案内状をいただいたとき、勝手な勘違いでワインはすべて 1955 だと思い込んでいた。考えてみれば、ジャイエのクロ・パラントゥは 1978 からのリリースであり、1955を期待するのはおかしいですよね。ワインの出処はヴァン・シュール・ヴァンで、昨今の偽ジャイエブームとは無縁の逸品。グラスに注がれる最中から、スグリ、プラム、マンゴスチンの濃厚な香りが漏れ出している。紫が強く艶っぽい赤い液体は、ひと口目から甘く、甘酸っぱく、濃厚で、ガンガンにおいしい。いつ飲んでも、誰が飲んでも、素晴らしくおいしい「チキンラーメン」のようなワインである。ただ、この先大化けしそうな予感があるかというと、何か違う感じだ。タフなのにエレガントでセクシーなのだが、いわゆるフィネスが見られない。飲ませてもらった立場でいうのも申し訳ないが、1本10万円なら素晴らしいワインだが、120万円なら要らないかな（ネットでの750㎖ボトル価格）。

そして、Romanée-Conti 1955のマグナム。海外酒販の“黒いシール”が貼られていて、ロマネ・コンティといえば故・岡林睦夫氏といわれた時代のものだそうである。ネックラベルには「J.L.P. Lebegue-Bichot & Cie Beaune & Londres」と書かれている。ロンドン経由のボトルか。ナンバーは「03989」である。コルクは健全で、見事折れずに抜栓された。コンティにしては濃いめのガーネット色で、グラスに鼻を寄せると、まごう方なきDRC香である。透明な甘いフルーツの香りが満ちあふれ、品格を感じさせる貫禄。味わうと濃いのに、上品で慎ましやか。しかし、気合いにあふれた骨格がただ者ではない。グラスを全く回さなくても、どんどん味のページが開かれていく。それまではほとんどしゃべらなかったワイン初心者の会計士さん曰く「ジャイエはショスタコービッチで、コンティはモーツァルト」　そうか、山本博先生の影響でいつも女性にばかり例えていたが、音楽に例えた方が知的に見えるな、今度使ってやろう！　2杯目下半分はびっくりするほど濃厚になり、まるでジャイエと見まごうほど。3杯目のお代わりをと、グラスをそっと出す居候状態であった。

最後のChâteau d'Yquem 1955は年代相応の褐変で、オレンジマーマレード色。エチルエステルの香りが鼻腔をくすぐる。甘みが少し細いが、看板の酸味はキリッと健在で、凡百のソーテルヌとは別世界のネクタルである。

さて、今年還暦を迎えるのは1956年生まれの人たち。ワインはあんまり期待できない一年だなあ。　〈2016.9〉

Chapitre 24

ヴィン・サントの古酒

いつものオークションでまた面白いロットを落札した。1950年代のイタリア甘口ワイン5本セットだ。内容は、Vin Santo P. Pascucci 1951、Vin Santo Ascianello 1952、Vin Santo Bertocchini 1954、Vin Santo 'Brolio' Barone Ricasoli 1955の4本と、Aleatico 'Stravecchio' Antinori 1957というアレアティコ種から造るトスカーナの甘口赤である。

ご存じのように、ヴィン・サントとは「聖なるワイン」という意味で、おそらくは昔、ミサに使われたのだろう。しかし、面白い説もある。15世紀にフィレンツェで、東西のカトリックの統合についてキリスト教公会議が行われたという。700人ものギリシア人聖職者が参加した中のひとりが供出された甘口ワインを口にして、「これはサントスXantos（ギリシアの地名）のワインだ」と言った。それをイタリア人たちがSanto（聖なる）と聞き違えたのが由来だというのだ。

さて、ヴィン・サントはトスカーナの各地で造られ、トレッビアーノ、マルヴァジーアなどの伝統品種を日陰で棚干ししたり、つるし干ししたりして風乾させる。この干した果実を搾り、バリックより小さい小樽で36カ月以上熟成させる。最近は粗製濫造のワインが横行し、評価が下がる傾向にあるが、本来は三大貴腐ワインにも負けぬ食後酒である。

このうちヴィンテージ1954を先日の誕生日に開けた。場所はいつもの予約の取れない寿司屋三谷を貸し切りである。企画してくれた妻に聞いたら、2年前に予約したそうだ。つまみ、寿司に合わせた店のお薦めワインと日本酒に加えて、持ち込んだのはChampagne Laurent-Perrier NVのマグナム（推定1990年代）、Chambolle Musigny 1959 Emile Charlesais、Château Clos Yon Figeac 1954 Saint Émilionの面々である。3本とも素晴らしい熟成であった。

シャンパーニュには宍道湖の白魚のしゃぶしゃぶ、知床の煮ウニ、シャンボールには南紀勝浦の黒マグロ漬け、クロ・ヨン・フィジャックには本マグロの皮ぎしの脂落としが合わされた。問題のヴィン・サントにはなんと、かんぴょう巻きとかんぴょう巻き稲荷のマリアージュ。店主は「1950年代のヴィン・サントには何を合わせたらよいか」とパリにいるワインの師匠に電話で聞いたところ、「そんなの飲んだことがないからアドヴァイスできない！　どんな客が持ってきたんだ？」と一笑されたそうだ。後日聞いたところ、師匠とは元コルディアン・バージュの石塚秀哉さんのことらしい。

さて、ボトルはわらづとキアンティでおなじみのフィアスコ瓶である。ただ、ボトルの背が高く細身で、アンフォラ形である。よく見ると、わらではなく細い籐で編まれている。容量は500㎖。エチケットには「Marchio Depositato（登録商標の意味か）Vin Santo Bertocchini Livorno」と書かれている。「Livorno」はトスカーナのリヴォルノ県のことであろう。コルクは3㎝と短いが、健全でしっかりしていた。

褐色の目立つ黒涅色で濁りがある。香りはスチュードプラムそのもの。甘みは柔らかく、上品な酸味がうれしい。しかし、飲み続けると酸味が細くなり、甘みを重く感じるようになってしまった。とはいえ、メンバーが10人だったので、飽きずに最後まで楽しめた。

実はこの原稿を書くため、残りのヴィン・サントのエチケットを確認していたら、セラーの棚から滑り落ちて、ヴィン・サント・アッシャネッロ1952を割ってしまったのだ！

部屋じゅうに甘い香りが立ち込め陶然となったが、ベトベトの床の掃除にはホント、閉口した。〈2016.10〉

Chapitre 25

チロルの赤ワイン

「古酒礼賛」でチロルの「ピノ・ビアンコ1955」のことを書いたあと、意識して北イタリアのワインをチェックするようになった。そしてオークションで見つけたロットは、Terlano 1949である。落札予想価格50～80€というお値打ち品を、100€で落とした。そのテルラーノには「F. Kupelwieser Bolzano」と書かれており、以前のカンティーナ・テルラーノのワインではない。ロットは3本セットで、残りの2本は見たことのない赤ワイン、Grauvernatsch 1964 Lindnerである。ボトルの形はボルドー・タイプで、スペル同様、ドイツ風のエチケットである。調べてみると、品種はスキアーヴァ・グリージャという。グラウフェルナッチュは、クラインフェルナッチュやグロスフェルナッチュとも呼ばれているようだ。この辺りの地域はトレンティーノ・アルト・アディジェと呼ばれるが、大きく分けてトレンティーノがイタリア語圏、アルト・アディジェがドイツ語圏になる。ボトルの雰囲気から酒精強化甘口ワインかもしれない。

一本目を開けたのは人形町のイタリアン、KIOKiTA。前座はAloxe Corton 1979 A. Bichot。パワーはないがきれいな熟成で、エレガントの極みだ。さて、グラウフェルナッチュであるが、コルクはボロボロ、途中で折れて、かき出した。液面は5㎝でまずまず。色調は濁りなく明るい赤紫、しかし香りがない!? 恐る恐るなめてみると、すっぽ抜けたおとぼけ味である。印象はシュペートブルグンダーのくたびれたものか。残念！

ではと、5カ月後にリヴェンジを計画した。場所は恵比寿のPELLEGRINOである。ここは知る人ぞ知るイタリアンの名店であるが、何より有名なのは生ハムだ。パルマで修業した多田昌豊さんが帰国後、岐阜の山奥でつくるプロシュート「ペルシュウ」は、多田さん本人が立ち会ってスライス技術を確認し、合格が出た店にしか出荷しないそうだ。現時点で都内ではここと SUGALABO（神谷町）と、もう一軒のみだそうである。店の真ん中にはバーケル製の巨大なスライスマシンが鎮座しており、その周りにキッチンと客席がある。席は2席3列テーブルだが、貸し切りだと6席1列にレイアウトが変わる。そう、劇場のようにスライスマシンに向かって6人が横並びに座るシステムである。料理は高橋隼人シェフの修業先のエミリア・ロマーニャの郷土料理をベースにしている。ワインはペアリングで10から15種供される。北イタリアつながりということで、特別に1本、グラウフェルナッチュを紛れ込ませてもらった。

トウモロコシの冷製スープに続き、シェフの奥様の里、鳴門市里浦のカリスマ漁師、村公一さんのスズキを使った料理のあとは、お待ちかね、ショータイムの始まりである。円盤状の刃が奏でる回転音とともに、スライサーから直接サーヴィスされる「サルーミ・ミスティ」はペルシュウ、ボローニャ・ソーセージ、スタンダード・パルマ、さらにイタリア生ハムの王様「クラテッロ・ディ・ジベッロ」と興奮が止まらない。パンやフォカッチャではなく、チャバッタという平焼きパンを添えるのが北イタリア風とのことだ。メインの乳飲み仔牛に合わせて、グラウフェルナッチュを抜栓。今回はしっかりしたコルクで液面も上々。色調は逆に褐色が強いが、ひと口目から濃厚な熟成香がグラスに絡んでくる。味わいにグラン・ヴァンのフィネスはないが、無骨ながら好感のもてる安定感である。テルラーノ 1949 のおまけワインとしては十分楽しめた。

ところがさらにおまけがあった！　無事ワイン会を終え、ひとり残ってボトルの写真を撮っていると、「秋津さん、グラッパはお好きですか」と、シェフが３本のボトルを持ってきた。見ると、ひと目で分かるロマーノ・レヴィのグラッパだ！　しかもいつもの手書きエチケットと違う印刷ボトルが混じっているではないか！　「MARIANNA」と赤い活字で印刷されたエチケットには、ロマーノの父親である「Serafino Levi」の名が入っている。しかし、セラフィーノは 1933 年に亡くなっており、そんな時代の古酒が流通するはずがない。色調もせいぜい 4、50 年前のものだ。調べてみると、会社の登記名としてその名が残っているよう。このボトルは、1980 年代にランゲのポデーリ・コッラの依頼を受け、ブリッコ・デル・ドラゴのネッビオーロとドルチェットの搾りかすから400本だけ造られたレア物だということが分かった。しかし、マリアンナというのが女性の名前なのか、リストランテの名前なのかは、残念ながら分からない。

〈2016.11〉

Chapitre 26

2016年の還暦祝い

1956年生まれの友人の還暦記念ワイン会に招かれた。ヴィンテージ1956はあまり期待できないと以前にも書いたが、そこは「おとな」、おいしい古酒をヴィンテージに関係なくたっぷり楽しもうという会だ。場所は新装なった銀座吉兆。カルティエ旗艦店が入るOkura Houseの4階のエントランス前の廊下には50鉢以上の胡蝶蘭が並んでいた。

メンバーは、昨年還暦を迎えて超豪華ワイン会に招いてくれた1955年生まれの友人夫婦と、われわれ夫婦、ご本人とその友人の6人である。用意されたワインはほとんどが海外酒販のオークション物である。故・岡林睦夫さんが社長であった古きよき時代のワインだ。当時は「ちゃんとした古酒」が現在の半額くらいの真っ当な値段で取引されていた。

まずは、G.H.Mumm Cordon Rouge 1964と丹波松茸の卓上炭焼きのマリアージュである。マムのワイヤーはさびでぼろぼろ、ミュズレは年代相応に古びている。抜栓時、コルクは3つに分解した。そう、シャンパーニュのコルクをつくる際のふたと本体と底面の3つのパーツに再分解したのだ。泡はwb（wall-bubble：グラスの壁に泡粒）、舌にもわずかな発泡を感じる。やや曇りのある土色で銅イオンの風味だ。果実の酸は感じないが、きれいな風合いの熟成酸である。ブリュットにしては甘みが強い。当時は今よりドザージュが多かったのだろう。

次に、Meursault 1969 Potinet Ampeau に合わせて八寸（鮑 美味酢ジュレ、生雲丹とアヴォカド、フォワグラのポルトゼリー寄せ、ゆで才巻海老とキャヴィア、山芋いくら）。このフォワグラは赤ワインに合わせるために用意される定番料理である。コルクは若く抜栓は容易。クリアで艶やかな金色、壁面のグラが強い。味はナッティで柔らかい。やや線は細いが、予想外にエレガントな熟成である。時間をかけるとカラメル香も出てきてくれた。

名残のハモと松茸のミニしゃぶしゃぶに、Clos Vougeot 1969 Château de la Tour を合わせる。液面は9cmとかなり低いがコルクは健全。赤と黒の混じる紫色で、ドライカラントの香り。豊満なムチムチの古酒だ。液面が下がった分、味が凝縮されている。酸と甘みのバランスも完璧だ。少し待てばもっと甘くなると思ったが、残念ながらそこまでは伸びず。しかし、全く味が落ちずに美しいまま時を刻んでいった。

造り（鯛、あおりいか、大間の中とろ、帆立焼霜　出汁醤油、オリーヴオイル、バルサミコ、岩塩）には Le Montrachet 1971 Bernard Grivelet。この日一番不安だったボトル。モンラッシェはよく外すのだ。しかし、うれしい誤算の「大当たり」 金色は淡いが、ひと口目から甘みと酸味のバランスがとてもよい。ナッツ、トーストの香りも最初から開いている。モンラッシェは香りが開いたころには味が酸っぱくなっているのが常だが、このボトルは素晴らしかった。グリヴレはシャンボール・ミュジニーやシャンベルタン・クロ・ド・ベーズのような赤ワインが多いが、白はモンラッシェくらいしか見かけない。1950年代はドメーヌ・グリヴレというエチケットが多いが、1980年以降はベルナールではなくグリヴレ・ペール・エ・フィスに変わっている。

ここで箸休めの椀が出た。水引模様の塗り椀を開けると、お祝いの鯛の塩焼きほぐしと赤飯が鎮座している。

名物・子持ち稚鮎の焼き揚げ（小さいままで子をもつ琵琶湖の鮎を、素焼きのあと、唐揚げにする）には、なんとドクター・バロレのワインで、Gevrey Chambertin 1934 Collection du Docteur Barolet Arthur Barolét et Fils。エチケットのたたずまいやキャップシールの風合いから、まず本物だろう。抜栓は慎重に行うも、下5㎜に亀裂が入ってしまった。二本目のスクリューを打ち込み、事なきを得たが、55㎜の立派なコルクである。1950年代のリコルクかもしれない。グラスに注ぐとその瞬間から部屋じゅうに広がる濃厚なピノの香りに驚く。色調は濃く褐色よりは赤に近い。味は若々しく濃厚でまさに「どや顔」である。やはりノン・リコルクのようだ。

よくいわれているように、シラーが結構入っているのかもしれない。あるブルゴーニュ古酒のコアなファンは、曰く、「僕はローヌが嫌いだから、ドクター・バロレは飲まない」そうだ。

〈2016.12〉

Chapitre 27

メッテルニッヒ1929

さて、前回1956年生まれを祝う還暦ワイン会の続きである。

ジュヴレ・シャンベルタン1934ドクター・バロレ・コレクションの美しくタフな余韻の続く中、用意された料理は強肴の黒毛和牛ヒレ炭火焼きだ。さらなるワインを強いる「強肴」に合わせるワインはVosne Romanée La Grande Rue 1976 Henri Lamarche。ロマネ・コンティの裏に畑のあるラ・ロマネ、ラ・ターシュとロマネ・コンティに挟まれたラ・グランド・リュ。ともに畑の場所のわりに評価の低いワインである。1991年にグラン・クリュになるまではプルミエ・クリュであったが、アンリが税金などの関連からあえてプルミエを貫いていたといううわさもある。1980年代にフランソワに代わってから品質が向上したともいわれるが、アンリが造ったこの1976のボトルは素晴らしい。エッジに紫の残るきれいな茜色で、ブラックチェリー、カラントの若い果実味を感じる。素晴らしいのだが、今日のワインたちの中では残念ながら「普通においしい」

どまりだった。

ご飯物は、鯛のかぶと煮に白飯と、名物のふかひれの姿煮のせご飯の２種類からチョイスとのことだったが、わがままを言って両方お願いした。かぶと煮は古いピノ・ノワールにぴったりのつまみである。Vonse Romanée Les Malconsorts 1969 Domaine du Clos Frantinの液面は７㎝とやや低下。コルクにわずかにカビ臭があるものの、ワインは健全。細かい澱が少し踊っているが、バランスのよい熟成である。シャブリ・ロン・デパキは大好きだが、シャンベルタンなどの赤のクロ・フランタンはあまりよい印象がなかったのだが、これはおいしい。甘みもしっかり主張しており、こなれたボディの優等生であった。

さて、大トリは戦前のドイツワインである。Schloss Johanisberger 1929er Original Abfüllung der Fürstlich von Metternichschen、この日の堂々のメイン・イヴェンターだ。エチケットには「Domäne Der Fürstliche Domäne-Rentmeister」とあり、手書きの筆記体で「Laboube」と読める文字が書かれている。大きな紋章の下には「Wappen der Fürsten von Metternich Winneburg」とある。コルクは30㎜で細くカビだらけ、下３㎜がかろうじて健全でぎりぎり踏ん張っていた。持参した友人はトロッケンベーレンアウスレーゼ（TBA）と信じて落札したと言っていたが、戦前のTBAにしては色が浅い。香りは古いリースリング特有のペトロール香ではなく和三盆系だ。口に含むと優しい酸味とともに柔らかい甘みが絡む。苦みは見当たらない。TBAではなくベーレンアウスレーゼかアウスレーゼのような気がする。

メッテルニッヒといって思い出すのは、往年の名画『会議は踊る』だ。ナポレオン・ボナパルト失脚後のヨーロッパの今後を探る1814年のウィーン会議を舞台とした、ロシア皇帝とウィーンの町娘のラヴロマンスである。原題はオーストリアのシャルル・ジョゼフ侯爵の「会議は踊る、されど進まず」という言葉から取られたらしい。この会議を主催したメッテルニッヒ侯爵は金髪の巻き毛をした美男子の伊達男で、3回結婚したほか（ふたりの妻とは死別している）、大勢の女性たちと浮名を流した。侯爵の娘、ロシア将軍の未亡人、公爵夫人のほか、なんとナポレオンの妹とも付き合っていたそうだ。ウィーン会議での功績を評価され、オーストリア皇帝フランツ一世から1816年にシュロス・ヨハニスベルクの葡萄畑を下賜された。そのときに収穫の10%を毎年皇帝に献上するとの約束がなされ、今でもハプスブルク家の末裔にワインが送られているらしい。1775年にシュペートレーゼ、1787年にアウスレーゼが世界で初めて造られたのが、この畑であったという伝説もある。

メッテルニッヒは醸造にはかかわらなかったが、セールスには商才を見せたらしく、「ヨハニスベルクで詰めるワインは酒蔵主任のサインしたラベルを付けずに売ってはいけない」と決めたといわれる。今夜のボトルのエチケットに手書きで書かれた筆記体の「Laboube」がそのサインなのかもしれない。

ワインの余韻に浸っていると廊下から聞き覚えのある声がした。出てみると山本博大先輩である。聞くと、隣の大広間で1931年生まれのメンバーのミーティングがあり、大女優や政治家、大社長などが集っていたようだ。1956年生まれなどはまだまだ若造ですな。〈2017.1〉

Chapitre 28

白パルメ　黒パルメ

恵比寿のオーセンティック・バー、オーディンから開店22周年を祝う会へのお誘いが届いた。メインとしてお客が猟銃で仕留めたウリ坊二頭に、店主の生まれ年であるヴィンテージ1966のワインも用意されているという。早速セラー内を探し、1966のムーラン・ア・ヴァンを見つけて、それを手土産に店を訪れた。

店の扉を開けて、ビックリ。ほの明かりの一枚板のカウンターには、きれいに皮を剥がれたウリ坊が横たわっているではないか！　数日前に「店内でイノシシの解体ショーをやります」と告知したら、女性ばかりで満席になったという。この日の料理はそのウリ坊だけ。「どこを焼きましょう？」と聞かれたので「あばらのロックを」と言うと、片身丸々持ってきた。聞けば約500gだという。さすがに多いので、半分にして焼いてもらうことにした。

オススメの「つぶした生カシスを入れたシャンパーニュ」をいただきながら、ボジョレの抜栓を見守る。Moulin à Vent Domaine de la Rochelle 1966は、液面5㎝とよい状態で、コルクもしっかりと長い。色調こそ無果汁のいちごジュースのようだが、成熟したピノ・ノワールのような香りがムンムンする。タンニンの骨格はないが、酸も果実味も素晴らしい。カウンターに並んだ男たちにもお裾分けをしたが、クリュとはいえ50年前のボジョレがちゃんと楽しめることに驚いていた。カウンターの端からはChâteau Lafon Rochet 1970がお礼に届いた、ご馳走さま。

さて、次は店の1966である。あ、振る舞い酒ではなく割り勘です、念のため。カウンターに並べられたのはパルメ、カロン・セギュール、ラ・ミッション・オ・ブリオン、シュヴァル・ブランと素晴らしいメンツである。おや、パルメは白エチケットだな、ベリー・ブラザーズ・アンド・ラッド（BB&R）かなと、よく見てみると、なんとマーラー・ベッセ Mähler Besse & Co Château Palmer 1966ではないか！　これは珍品だ。カウンターのメンバーを説得し、割り勘でこのボトルを開けてもらうことにした。

パルメといえば黒エチケットに金色の文字で知られ、遠目でもすぐ分かる。だが、昔は「白パルメ」というのがあった。ロンドンのBB&Rは世界有数のワイン商で、戦前は多くのボルドーの銘酒を樽買いし、ネゴシアン詰めしていた。その際のエチケットはシャトー元詰めのオリジナルではなく、BB&R独自の白いエチケットであった。BB&R日本支店の広報に尋ねたところ、ロンドンまで問い合わせてくれた。すると、1966年まではセント・ジェームズ・ストリートの絵の白黒エチケット、1967年から1979年はコーヒーミルの絵の白ラベルだったとのことだ。20年くらい前まではオークションでBB&Rの白ラベルのパルメが結構出回っており、しかも安くてコンディションが素晴らしかったのだ。当時は「パルメの出物があるけど、どう？」「白、黒どっち？」という会話が古酒愛好家の間で交わされていた。

マーラー・ベッセのネゴシアン物の古酒も人気であったが、白いエチケットは初めてである。パルメの公式ウェブサイトによると、オランダ人のフレデリック・マーラーがボルドーのシャトー購入を思い立ち、最初はグリュオ・ラローズを考えていたらしい。しかし、知人のシシェル、ミアレ、ジネステに説得され、共同でパルメを1938年に購入した。その後、ミアレとジネステは離れたが、シシェルとベッセはドイツ軍の占領にも負けずにシャトーを守り抜いた。ネゴシアンとしてのベッセは多くの銘酒を生み出しているが、シャトー元詰めのパルメにマーラー・ベッセのネックラベルを貼ったボトルを今でも時折見かける。手元にある1991ボトルはシャトー元詰めだが、黒いエチケットの下４分の１にマーラー・ベッセの名が印刷されていた。海外のワインショップを検索してみると、マーラー・ベッセの1959の白ラベルが一本だけ見つかったが、1966にはない「Mis en Bouteilles par L'Acheteur Negociant」の文字がエチケットの最下段にあった。

さて、肝心のワインはというと、ノン・リコルクで長くしっかりしたコルク。まだ赤みの残るガーネット色で、すみれやカシスの香り。艶やかな酸味はまるでシャトー・マルゴーである。ボトルの後半になると、ポイヤックのようなシダー香も出始めた。店主曰く「種子島銃の古木と古い鉄の融合の香り」だそうである。

先日、どこかで誰かが古いパルメを飲んだという話になり、「白パルメ？」と聞いたら「赤ワインですよ！」と憤慨された。Vin Blanc de Palmer というミュスカデル主体の白ワインが2007年からリリースされたらしく、当節、白パルメといえばこのワインを指すらしい。　〈2017.2〉

Chapitre 29

1937 すっぽんぽん

グラフィック・デザイナーの麹谷宏さん主催「噂の『眠れる巨人』を飲み干す会」、25回目となる今回は「出陣DRC」というタイトルである。メインはエシェゾー1970とラ・ターシュ1975ということだったが、いくらDRCでも1970年代物ではこの「古酒巡礼」コラムにとって力不足である。注目は麹谷さんのヴィンテージ・イヤーのミュジニー1937だ。それでは私もと、1937のワインを持参した。

赤坂のワインサロン「ルヴェール」に集まったのは10人のワインフリーク。ゴッセ・セレブリス2002、テタンジェ・コント・ド・シャンパーニュ2006で口中を潤し、白の一本目はBourgogne Hautes-Côtes de Nuits 2008DRCである。値段を別にすれば、素晴らしい味である。この前日に、銀座のレストラン「エスキス」で若林英司ソムリエお薦めのメオ・カミュゼHautes-Côtes de Nuits 2005を開けたが、これも素晴らしかった。オート・コート・ド・ニュイの白は私の中で、赤丸急上昇株である。

Savigny les Beaune Blanc 1er Cru Aux Vergelesses 2003 Simon Bize に続く赤は、Beaune 1er Cru Cuvée Nicolas Rolin Hospices de Beaune 2010 Acquéreur : Hiroshi Kojitani だ。エチケットには瓶詰めしたドメーヌ名として「par Simon Bize et Fils」とある。

さて、Échézeaux 1970 DRC である。うんと長いティア、暗いガーネット色、冷たく艶やかな香り。いつもの鉄っぽさはなく、最初はドライほおずきのような酸が目立つが、タフなアルコールでマスクされてしまう。果実がどんどん開き、至福。La Tache 1975 は最初から全開だ。甘く優しいタンニン、ミントティーのニュアンス。肩の力の抜けたイケメンモデルのようだ。どのワインが一番好きかと聞かれたときに、私がいつも答えるのは「ラフィットとラ・ターシュ」だ。やっぱりおいしい、大好きである。澱まですすってしまった、幸せ。

さてさて、ここからが本格古酒である。Musigny 1937 Moingeon Fleur のモワンジョン・フルールは、今はなきネゴシアンで、麹谷さんがパリ時代にどこかで入手したらしい（ご本人も記憶なし）。エチケットは時代相応で、右上に例のフランス独特の書き方の手書きで「1937」との記載、下の方には日本風の真面目数字で同じく「1937」と書き込まれている。ネックのヴィンテージ・ラベルはかなり新しく、蔵出しのようだ。コルクはやや若く、リコルク後40年くらいか。色調は褐色が勝っているが香りは若く、酸もチャーミングだ。ブラインドなら 1960 年代物と思うだろう。時間がたっても甘みが落ちず、最後まで楽しいワインであった。

私の 1937 は Château Marquis de Terme だ。写真にあるようにエチケットは全くない。オークションの資料には、シャトー・マルキ・ド・テルムの名はキャップシールの天井のエンボスで、ヴィンテージはコルクで確認と書いてあった。キャップシールは下半分が切り取られている。が、それではヴィンテージをきちんと確認できなかったと見え、さらに１㎝縦に切り目を入れ、そこからはちまき状に観音開きにシールを開いた跡が残っていた。

ボトルは肩が張って裾が絞られた、戦前の形である。店主が折らずに見事に抜栓してくれたコルクはノン・リコルクで、きちんとヴィンテージが刻印されていた。やや酸が立ってスキニーで心配したが、すぐに甘みが追いついてきて、どんどん華やかになっていった。色調は淡いが、芯の骨格はかなりのマッチョである。

せっかくなのでブラインドで供出し、ヴィンテージを当ててもらった。皆さんの回答は、1980 年代と 1970 年代がひとりずつ、1960 年代は３人、1950 年代がふたり、1940 年代もひとりいた。シャトー名は尋ねなかったが、ラス・カーズと言う方も。正解を開示して一番驚かれたのが麹谷さんご本人！「ワインがこんなに若いんだから、私ももっと頑張らないと」と言っていただけたのは、持ち込み者冥利に尽きる。

ここでホストから追加ボトルが登場。セラーで液漏れしていたので持ってきたというボトルはなんと、ヘンチキのヒル・オブ・グレイス 1989 である。中身のコンディションは健全で、優しい美しい熟成感だ。グランジはいつまで待っても熟成感が出ないが、こちらは名前どおりの優雅な熟成を見せてくれた。さらに偶然お店に見えられたブルゴーニュワイン騎士団京都支部長の清水紘先生からポートの差し入れ。フォンセカ1983である。若いがすでに飲みごろ(いわゆるドン ペリニヨンのP1状態？)、さらにクロ・ヴージョ2007プリウレ・ロックのグラスもいただいた。かくして赤坂の夜は更けゆく……。

〈2017.3〉

Chapitre 30

バローロのロゼ

少し前のことになるが、年末恒例の白トリュフワイン会の話。2016年のイタリア産トリュフの作柄は平年並みとのことだったが、あまりいいブツに当たらず、かなり苦労したらしい。いつもはぐるぐるにラップしてスーツケースに隠してきたが、堂々と持ち帰れることが分かったため、今回は専用の「トリュフ箱」も一緒に買ってきていた。いつも持ち込むテレ朝通りのお店のシェフが産休中のため、個人宅で奥様の手料理にたっぷり振りかけていただくということになった。トリュフはもちろんだが、イタリアからハンドキャリーで持ち帰ったという生タリアテッレは絶品であった。

ワインは「バローロ4本 飲み比べ」である。その前にシャンパーニュ・ローズ・ド・ジャンヌで乾杯。白はシュヴァリエ・モンラッシェ1992ドメーヌ・ヴァンサン・ルフレーヴ。ヴァンサンが亡くなる2年前のワインである。まだ金色系の麦わら色で、最初からトースト、ローストアーモンドの香り。グラは控えめで、エレガントの極み。ル・モンラッシェと違い、さすがシュヴァリエはハズレなしだ。

さて、バローロはというと、ヴィンテージ1974、1947、1934、1927の4本である。戦前の2本はちょいと不安だったので、古い順に開けていった。

Barolo 1927 Germano Angelo e Figli は私のハンドキャリーである。古いバローロ独特の肩の張ったスーズ・リキュールのようなボトルだ。ヴィンテージのシールは剥がれていたが、比較的新しいエチケットの左下に青いボールペンで「1927」と書かれている。ボトルネックにはジェルマーノ・アンジェロの手書きのサインがちゃんと残っていた。いつものヨーロッパオークションで5年前に250€で購入。コルクは硬く乾燥しており、デュランドのハイブリッド・ワインオープナーで抜栓した。3㎝のコルクは赤い色が全く染みておらず、まるでリコルク物のようだ。しかし、このクラスのワインでリコルクはあり得ない。グラスに注ぐと、ロゼワインよりも淡いピンク色。大きな澱が瓶底にゴロゴロ転がっているが、ボトルの内壁にはタンニンの付着がない。かぐと若いさくらんぼうの香り。ひと口目は酸味だけで、甘みも酒精のアタックも感じられない。ドライアウトしてしまったかと冷や汗が出たが、10分で甘みが、30分で酒精感が戻ってきた。インパクトはないが、話の種としてはアクセプタブルなボトルであった。

続いては「白トリュフの友、モンフォルティーノ」だ。Monfortino Extra Barolo 1934 Giacomo Conterno　のネックにはもちろん、「Stravecchio」（非常に古い）のシールが貼られている。こちらも同じオープナーで抜栓したが、同じような短く硬いコルクであった。エチケットは以前飲んだ1939とそっくり。ボトルの内壁には澱がびっしりくっついている。グラスに注ぐと1927よりもさらに淡い色調だ。香りはドライプラムやリコリス。こちらはしっかりした味でバランスもよい。しかし、短時間で不安定になり、砂糖水のような状態になってしまった。やはりネッビオーロは色素が抜けやすい品種なのだろう。

Marchesi di Barolo Riserva della Castellana 1947はなんと舟形ボトルだ。「Chapitre 8」で取り上げたのは1945であったが、この1947も全く同じ形である。封蠟コルクは健全で4㎝、赤みがほどほどの染み具合である。色はピンクではなく、限りなく黒に近い紫だ。香りは焦げすぎたカラメル、葛根湯、リコリス。苦みが前に出ているが、果実味はきちんと残り、ヴィンテージ相応の健全なバローロ古酒である。

最後はBarolo Riserva Speciale Monfortino 1974 Giacomo Conterno di Giovanni Conterno。ジャコモの孫のジョヴァンニが造ったワインだ。エクストラ・バローロやストラヴェッキオという表現がなくなり、リセルヴァ・スペチアーレになっていた。若いだけあって長く立派なコルクで、容易に抜栓できた。赤紫の強い色調のワインである。黒すぐりのジャム、ナツメグ、まぐろ節の香り。濃く甘くねっとりとしたタフな味だが、やや一本調子である。

2012年のトリュフ会で飲んだBarolo Riserva Monfortino 1961 Giacomo Conternoは淡い紅花色、同じ造り手のExtra Barolo Monfortino 1939はさらに淡く、

ダージリンのような感じ。2013年の会で開けたVino Barolo Riserva Speciale 1952 Poderi Aldo Conternoはジャコモの弟アルドが1969年に設立したワイナリーのもので、モンフォルティーノではないが、かなり枯れた静脈色ながらしっかりした色素であった。どうやら戦前のボトルが現在「ほぼ色素ロス」状態になってしまっているのかもしれない。〈2017.4〉

Chapitre 31

名誉ソムリエ

ワインの健康効果に関するマスコミでの伝道と、古酒に関するこのコラムを評価いただき、先日、日本ソムリエ協会から名誉ソムリエの称号をいただいた。「ワインは勉強するものではなくて楽しむものだ、そうすれば自然と覚える」という持論の私にとって、ワインエキスパートは縁がないため、この名誉ソムリエ就任はうれしかった。

そこでワイン関係でお世話になった方々を自宅に招き、御礼ワイン会を開いた。お招きしたのは Mr. Stamp's Wine Garden の磧本修二さん、スイス・シャレーの中上スミ子さん、おなじみ麹谷宏さん、辛口グルメ評論家の友里征耶さん、ロバート・パーカーの『ボルドー』平成元年版の翻訳者の楠田卓也夫妻、オーストリアワイン大使の塩田光次夫妻、ご近所のラサール石井夫妻、そして同い年の俳優・石田純一さんである。

シャンパーニュ・ルイナールから始め、次は Vouvray Pétillant Marc Bredif、ヴーヴレの発泡酒である。購入時、ディシラムの天野克己さんによると 1960 年代物とのことだった。泡は全くなく、色はアンバー、香りはフィノ・シェリーで、味もやはりシェリーであった。続いては、友里さんのお持たせの Meursault-Charmes 1989 Domaine des Comtes Lafon。きれいな熟成で黄金色のネクター。あまりにおいしかったので、次は当家のセラーから思いっきりの変化球を一投！　Radikon Ribolla Gialla 2011 である。ボトルごと開けるたびに味の違うラディコンだが、このボトルは比較的おとなしい酸化具合で、ピンボールならぬ内角高めどまりのオレンジワインであった。

Akitu Pinot Noir 2011 はニュージーランド、セントラル・オタゴ産である。楠田さん（クスダ・ワインズの楠田浩之さんの弟）から紹介されたニュージーランドのワインランキングのサイトを見ていたら、私の名前のワインを発見！　勝手にうちのハウスワインにしている。「Akitu」という単語（「Akitsu」ではない）は、てっきりマオリ語かアボリジニ語だろうと思ったのだが、メーカーのサイトを調べると古代メソポタミアの春の祭典の名称である「Akitu-Festival」に由来しているという。いまやかの地主流のスクリューキャップで、健全なドライストロベリーの香り。南島特有の涼しげな果実香が心地よい。

さて、ここからは古酒タイムである。

Chassagne Montrachet 1952 Labore Felir は液面７㎝とやや不安だったが、磧本さんの見事な抜栓で短いコルクが無事に抜かれた。京都新門前通りの骨董屋で見つけたバカラのローハン・デカンタで優しく目覚めさせたワインは、濃厚なドライプラムと黒糖黒蜜の香りで熟成ピノの極みのおいしさだ。さらにはBarolo 1959 Marchesi di Barolo と続く。4本セットで落札したが、2月に開けた一本はややドライアウトであった。しかし、このボトルは大当たりで、ダークチェリーにヴィンテージ・バルサミコが香る。

ここでブレイクにボルドーを一本。Château Chasse Spleen 1964は、小ぶりながらも上品に仕上がった古酒である。甘酢のガリの香りにかつおだし、八丁味噌と和のテイスト満載のボルドーである。次はChambertin Cuvée Heritiers Latour 1954 Louis Latour。自社畑のシャンベルタンだ。もちろんノンリコルクで、さすがの積本さんでもコルクがちぎれてしまった。せっかくなのでヒュー・ジョンソン・コレクションのラトゥール・デカンタを用意した(シャトー・ラトゥール専用だが……)。かなり過熟気味の濃い褐色ではあったが、香りは品種特有の完熟のピークで大好きな「エッチ香」もムンムンしている。そして、ラサールさんのヴィンテージのChâteau Cos D'Estournel 1955は「Eschenauer」というネゴシアンのボトルである。柔らかい果実がふくよかなボディを包んでいて、美しい熟成のボルドーだ。

締めのハードリカータイムも1954尽くし。シングルモルトのStrathisla 1954は3分の1しか残っていないボトルだが、シルキースムース。Mortlach 1954は口開けである。

現在はジョニー・ウォーカーに身売りされオフィシャルボトルはないが、これはロンドンのソーホーの裏路地で見つけたもの。まだ荒々しさの残るスモーキーさが心地よい。

最後はArmagnac 1954 Trepout、いつもの優しい甘い香りにホッとした。〈2017.5〉

Chapitre 32

マダム・ルロワのワイン

ワイン業界コテコテのメンバーでの恒例新年会のこと。皆が思いを込めて持参したワインは、Delamotte Blanc de Blancs 2000、Albert Grivault Meursault Clos des Perrieres 1959、Mildiani Saperavi 2012 Georgia、Paul Sauer 1994 Kanonkop、Erath Estate Selection Pinot Noir 2011、ルミエールの宮内庁御用達の御苑 2012、Clos des Lambrays 1951 などなど。蔵出しの Château Lagrange 1967 について、誰のコメントか忘れたが、「おばあちゃんの部屋の着物の入ったタンスの香り」とは言い得て妙！

私のセラーからは Leroy d'Auveney Bourgogne 1978 という珍品だ。アペラシオンはブルゴーニュ AC。グラン・クリュの豪華さはないが、きれいな熟成の健全なピノ・ノワールで、見事なワインである。ネットの画像検索では 1971、1976、1985 のボトルが見つかった。1978 の白ワインもあった。一時は日本国内でも流通していたという説もある。フランス在住の知人に尋ねたら「何度か飲んだがおいしかった。おそらくはマダムの自家消費用に造ったワインではないか」とのことであった。日本橋髙島屋の酒売り場 スーパー販売担当職の須賀利太さんに問い合わせたら「昔、一時期見たことがある。ルロワ・ドーヴネという畑名は法的に認められていないと、どこかからクレームがついて姿を消したようだ」との返事だ。

1868年創業のメゾン・ルロワは、1942年にDRCの株式を取得し共同経営者となった。1988年にドメーヌ・シャルル・ノエラとフィリップ・レミーを買収しドメーヌ・ルロワを創設、1992年にDRCを手放してからは自分のドメーヌに全力を注ぎ込み、いまやDRCに並ぶカリスマワインの生産者となった。ネゴシアン業のメゾン・ルロワは、マダム・ラルー・ビーズ・ルロワの厳しい舌を満足させたワインを200万本近くストックしているという。さらに1988年には、夫のマルセルと共にドメーヌ・ドーヴネを立ち上げた。そのサン・ロマンの丘の上の自宅の絵が描かれたエチケットのボトルは、あくまでマダムの個人所有というスタンスである。

このワインはドメーヌ・ドーヴネでも、メゾン・ルロワでも、ドメーヌ・ルロワでもない。ドーヴネの畑を購入した1988年より古いことにも疑問が残る。よく見ると、エチケットの下の方には「Mis en bouteille par Négociants à Auxey-Meursault（Cote-d'Or)」と書かれている。手持ちのルロワのエチケットと比べてみたが、このワインはドメーヌ・ルロワのものということになる。ということで、ドーヴネの畑で造られたマダムの自家用ワインをドメーヌ名義で少量放出したのではないかというのが私の結論である。

ところで、この夜の料理のメインは鹿肉。余市のヒロツヴィンヤードの弘津敏さんが山で撃った30kgの肉がホスト宅に宅急便で届いたので、開封せずそのまま西麻布のレストラン「ル・ブルギニオン」に転送し、さばいてもらったそうだ。

また別の日のこと。ワイン仲間のマンションリフォーム完成記念の「ハウスウォーミングパーティ」に呼んでもらった。ホスト夫婦は30年以上前からの筋金入りのルロワ・ラヴァー。この日もBourgogne Aligoté Sous Chatelet 2006 Domaine d'Auvenayで宴は始まった。11年の歳月を経て、ねっとりとしたマッチョな熟成。失礼ながら、アリゴテとは思えない素晴らしいワインである。

須賀さん持参のDomaine Leroy Gevrey-Chambertin 1er Cru Les Cazetiers 1957はまさに還暦ワイン。真新しいエチケットは蔵出しの証しである。メゾン・ルロワの白いキャップシールではなくワックスキャップなのだが、ドメーヌ・ルロワやドーヴネの分厚く盛り上がった斜めのワックスとは微妙に違う。ボトルの形が透けるように薄く付着してあるだけ。聞くと、このボトルはマダムが来日時にイヴェント用に蔵出しで何本か持ってきたものの一部だそうである。マダムはいつも蔵出し時にワックスを軽くトポンと付けて持ってくるらしい。リコルクしているだろうという話だったが、抜栓してみると、うれしいことにノン・リコルクである。きれいに枯れた淡い茜色で、粉糖や和三盆の甘い香り。味わいは、細い酸が前に出ているがすぐに甘みが開き、堂々としたピノの完成形となった。

私の持ち込みはMoillard Grivot Romanée St. Vivant 1952。やや細い骨格ながらも美しく凛とした熟成で大満足。Château Margaux 1990も登場。あれ？　ボトルの背面にはなんと11500円の値札が！　よき時代の遺産である。ホストのとっておきは、締めのEgon Müller Scharzhofberger Riesling Trockenbeerenauslese 1989のハーフボトル。エチケットには先代と当代の当主の直筆サインが入っていた。香りはライチー、マンゴスチン。美しい酸に包まれた糖はまさにネクター、アムリタ、甘露。マコンのドメーヌ・ド・ラ・ボングランのテヴネが造るキュヴェ・ボトリティスのように、マダム・ルロワが貴腐ワインを造ったらどんなワインになるのだろう？　〈2017.6〉

Chapitre 33

ルーマニアの古酒

赤坂でワイン会があった折、時間を間違え早く着きすぎてしまった。時間調整のために近くの四方(よも)酒店をのぞいてみた。赤坂四方には20年ほど前から結構通っていて、地下セラーでいろいろな掘り出し物を見つけたものだ。今回もうろうろするうちに、ルーマニアワインの古酒を発見した。

並んでいたのは、ムルファトラールMurfatlarのメルロ1954、ピノ・ノワール1954、カベルネ・ソーヴィニヨン1962、マスカット・オットネル1965、ピノ・グリ1962、カベルネ・ソーヴィニヨン1938の6種である。その中から、私のヴィンテージのメルロとピノ・ノワールを購入した。

エチケットはコピー用紙にガリ版刷りをしたような、粗末で素朴なもの。「Statiunea de cercetari viticoly」と印刷されている。税関のようなスタンプには「Romania Ministral Agriculturii si ind alimentare Laboratorul de analize si control Statiunea de Cercetari Viticula Murfatlar Constanta」と書かれている。どうやら、農林

省のお墨付きの印のようである。

世界四大文明として昔、歴史の教科書で習ったのはメソポタミア、エジプト、インダス、黄河だが、最近ではメソアメリカとアンデスを加えて「六大文明」といわれている。しかし、それ以前の文明発祥の地としてもっと話題になっているのが、実はルーマニアなのである。

マンモスが絶滅した氷河期の終わりごろ、ヨーロッパで唯一、人類が生存可能な気候状態だったのがルーマニアからバルカン半島辺りだったといわれ、80000年前の洞窟壁画も見つかっている。かのアルタミラ洞窟壁画は20000年前だから桁違いの古さだ。小麦栽培が始まった土地、また、ワインが初めて造られた土地ともいわれている。欧州文明の起源といわれるトラキア（トロイ）族のダキア王が「ワインこそ、水より大切」と言ったとか言わなかったとか……。もっとも、ワイン発祥の地はトルコやジョージア、アゼルバイジャンなど元祖本家争いが続いているが、いずれにせよ、黒海周辺であることはぶどうのDNA解析などから間違いなさそうである。

現在のルーマニアではモルドヴァと国境を接するモルドヴァ地方が一大生産地で、コトナリのワインが知られている。モルドヴァ地方の西側、ドラキュラで有名なトランシルヴァニアはカルパチア山脈に囲まれた盆地で白ワインが多いようで、吸血鬼につきものの血のような赤ワインは、残念ながら造られないようだ。

今回入手したワインの生産者ムルファトラールが位置するのはルーマニア南東部のドブロジャ地方で、黒海沿いの港湾都市コンスタンツァからほんの10㎞ほどの内陸にあり、ドナウ川と黒海に挟まれている。ムルファトラールは地名でもある。ここでは2500年前からワインが造られ、固有品種のフェテアスカ・ネアグラ Feteasă Neagră のほか、カベルネ・ソーヴィニヨンやシャルドネも多く栽培されているようだ。

購入したワインは先日の「名誉ソムリエ就任御礼ワイン会」のときに、Mr. Stamp's Wine Garden の磧本修二さんに2本並べてパニエでサーヴィスしてもらった。メルロは淡い色調の赤紫で、わりと若いニュアンス。細いストラクチュアだが、しっかり品種のキャラは残っている。粘土っぽさのない、北のメルロの雰囲気で、品のある、きれいな熟成古酒であった。一方、ピノ・ノワールは水っぽく、変に甘く、粉糖の香りがする。かなり大量のシャプタリザシオンをしているのだろう。少し待つとそれなりの酸やタンニンが感じられるようになったが、いかんせん、スキニーで色気に欠ける。やはり、この黒海周辺ワインでは、マサンドラワインに代表されるような甘口の古酒をチョイスすべきであったようだ。 〈2017.7〉

STATIUNEA DE CERCETARI VITICOLE
MURFATLAR
PINOT NOIR
1954
STATIUNEA DE CERCETARI VITICOLE
MURFATLAR
MERLOT
1954

Chapitre 34

酸っぱい葡萄

5月の連休に家族サーヴィスでハワイに行った。行きの機内でめぼしい新作映画は見てしまったので、帰りは見るものがなくなった。仕方がないのでドラマ＆ドキュメンタリーのセクションを探していたら、話題の作品を見つけた。2013年に世界中のワイン関係者を震え上がらせた、世紀の偽造ワイン犯ルディ・クルニアワンのドキュメンタリー『SOUR GRAPES』である。この作品は2016年9月にイギリスで公開されたが、日本では未公開のようだ。

2002年にアメリカ西海岸のワイン・ソサエティに彗星のように現れた、25歳の謎のアジア人。いろいろなワイン会にレア物の古酒を持ち込み、みんなに振る舞った。オークションでは超高級ワインの古酒を次々と落札し、レストランでも＄10000クラスのワインをバンバン注文した。「Mr.ロマネ・コンティ」とか「ジェネレーションXのグレート・ギャツビー」とか持ち上げられているうちに、オークションに大量の古酒を出品する。売り上げは年に30億円を超えるともいわれた。しかし、2008年にポンソのクロ・サン・

ドゥニ1945を出品したのが運の尽き！　これに気づいたローラン・ポンソがオークション会社を差し止める。なぜなら、このワインが造られたのは1980年からであり、それ以前のボトルは存在しないはずだから……。しかし、2013年の逮捕までの5年間、ルディはワインを売りまくった。

このドキュメンタリーには、疑いをもたれてから5年間のワイン会やオークションでのルディの振る舞いが克明に記録されていた。この事件の詳細やルディの顔写真はいろいろなメディアで目にしていたが、驚いたのはワイン会でのルディの自信満々な振る舞いである。気の利いたジョークを交え、真剣な顔をしてテイスティングをする姿を見ると、だまされても不思議はないと思ってしまう。もうひとつ驚いた点は、自宅の「偽ワイン製作工場」の貧弱さ！　数十億の荒稼ぎをしたわりには、犯行現場があまりにも普通の家のキッチンで、そのギャップがすごい。エチケットを剥がすシンクや打栓機も貧乏くさい風景である。情報では、ボトルの中身は＄60程度のマイナー・シャトーのヴィンテージワインがベースらしい。そこに若いカリフォルニアワインをブレンドしていたようだ。その後は『ウォール・ストリート・ジャーナル』にまで「偽ワインの見分け方」なる記事が掲載される始末である。

ではなぜ、自称ワイン通の顧客たちがコロリとだまされたのだろう？　それには①本物を大量に買って、転売する際に巧妙に少数の偽ワインを混ぜていた、②試飲会やレストランで飲んだ本物ワインの空き瓶をもらい受けて自宅に送らせ、それを分析して偽ボトルをつくるか、本物の空き瓶に偽ワインを詰めるかしていた、③オークションや個人取引など買い手のオウンリスクとなる売買方法に特化していたことなどが考えられる。ニューカマーのワイン愛好者で経験値を高めるためには高い投資もやむを得ないと思う人々、ワインの味わいよりもワイン・ソサエティでの自分の立ち位置の方が大切でそのための投資は惜しまない人たち、バブル成金で基礎クラスのワインをすっ飛ばして五大シャトーとDRCから入った「困ったちゃんのスノッブ」などが上客だったのだろう。

事件発覚後、ルディワインを買った人たちはそれを隠し、ババ抜きのように世界中で転売を繰り返しているらしい。ルディ本人の所蔵ワインは鑑定を受け、本物の認定を受けたものだけが損害賠償に充てるためにオークションに出されたそうだが、こちらは時価よりかなり安い値で落とされたようである。

さて、私の持論に「ワイン価格のヒエラルキー」というものがある。ワインには価格帯ごとに越えられない壁がある。それは① 1000円以下、② 2000～4000円、③ 5000～10000円、④ 10000～30000円、⑤ 50000円以上の5段階であり、基本的に、同じゾーンのワインに大きな味わいの差はないと考えている。つまり、もし3000円なのに③の味わいならとてもお買い得であるが、④のクラスの味わいであることはめったにない。20000円なのに③の味わいでしかないなら、ハズレワインである。では50万円のワインと10万円のワインの違いは？　というと、ブラインドで当てられる人は絶対にいないと信じている。このクラスの値段の差は「情報」と「期待」と「思い込み」でしかないのだ。ルディは＄60のワインを使ったが、＄600のワインで偽ワインを造れば、＄10000で売っても、味わいからは絶対にばれなかっただろう。

実は日本にも限りなく怪しいワインを売り続けている人がいる。アンリ・ジャイエの1980年代から1990年代のワインを、アンリが特別にリコルクしたという触れ込みで、ネットオークションに出品している。曰く、クロ・パラントゥ1993のマグナムを2003年に特別にリコルクしたもの。しかもキャップシールではなく、ワックスを使っている。ワイン仲間の間では数年前から警戒情報が回っているが、被害者が出ないことを祈るばかりである。　〈2017.8〉

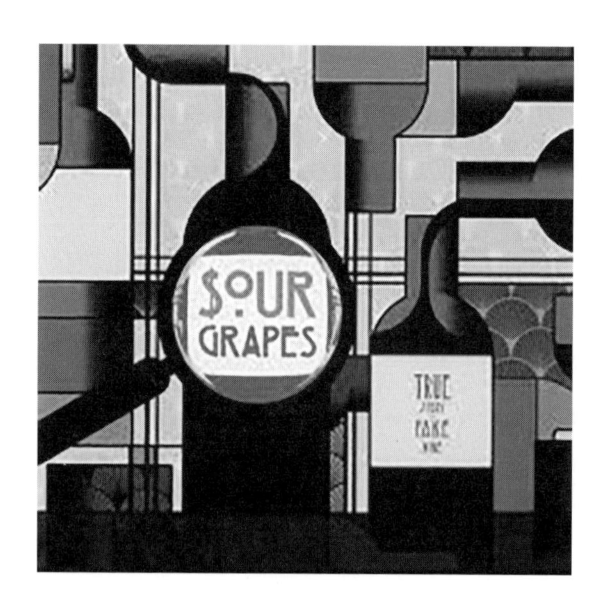

Chapitre 35

ドン　ペリニヨンの白

国内の個人出品のオークションにも古酒の珍品が出ることがある。今回見つけたのはモエ・エ・シャンドンのコトー・シャンプノワだ。言わずと知れた、シャンパーニュ・メゾンが造るスティルワインである。

現在、国内で入手可能なコトー・シャンプノワは、ボランジェのラ・コート・オー・ザンファン、エグリ・ウーリエのアンボネ・ルージュ、フィリポナのマルイユ・ルージュなど赤ワインが多い。ノン・ヴィンテージのシャンパーニュに赤のコトー・シャンプノワを垂らし、マイブレンドの「アサンブラージュタイプのロゼ」を創るお遊びは、皆さんにも経験があるだろう。一方、白のコトー・シャンプノワで有名なのはアンリ・ジローだ。

今回のモエのボトルは1970年代との触れ込みである。エチケットの形はドン　ペリニヨンと同じだ。「coteaux champenois Saran」という名前は、シュイイ村のサランの丘陵に由来するのだろう。この丘の周辺の畑はモエが独占し、ドン　ペリニヨンに使われているという。エチケットにはさらに「Appellation Coteaux Champenois Contrôlée」とある。コトー・シャンプノワがAOCとして認められたのは1974年のはずだから、このボトルは1970年代後半のものということになる。AOC以前には「Saran Vin Nature de la Champagne」と名乗っていたらしい。さらに「Blanc de Blancs」「Récolté et Mis en Bouteille par la Maison Moët & Chandon」とあるが、スティルワインにブラン・ド・ブランという表記は何か不自然な気がする。ボトルの形をドン ペリニヨンと比べてみると、やや細くて背が高い。口金はワイヤーではなく、金具留めである。

今回持ち込んだお店は、日本トップレヴェルの銀座の某ステーキ屋さんである。ステーキ屋になぜ白ワインかというと、この夜は牛肉抜きのあわび尽くしの特別メニューだったからである。この店の前菜、シーフードの盛り合わせに入る蒸しあわびは巨大で柔らかく絶品なのだが、そのつくり方を聞いていると、「毎年6、7月に一年分を仕込むから、その時期に来てくれたら生あわびでいろいろな料理を出せますよ」と誘われたのである。

産地は千葉の千倉。サイズは1.5～2kg、殻の大きさは30㎝を超える。これを干しあわびにすれば5頭とか6頭の逸品になり、ひとつ50万円を超えるらしい。ただ、このサイズのあわびをうまく干しあわびにするのは難しく、歩留まりが悪すぎるのでほとんどつくられないという。ちなみに、干しあわびのサイズの「頭」というのは、干し上がった状態で「何個のあわびで一斤（約600g）になるか」

ということである。「一頭の干しあわび」というのは今では伝説であり、もはや存在しないという。あわびは干すと重さが10分の1になる。銀座の高級中華料理店で使う干しあわびは20から30頭クラスだ。20頭の干しあわびは、乾燥状態で30gだから元は300gとなる。これが乾貨として1個の原価は15000円くらい、お店では30000円超えのひと皿になるわけである。

さて、肝心のサランの抜栓であるが、ソムリエがヤットコではなくソムリエナイフで優雅に口金を外してくれた。コルクは回すだけで静かに抜けた。もちろん音はしない。コルクはカチカチで全く膨らんでこない（一週間たっても細いままであった）。グラスに注ぐとやや濁った金褐色で、当然、泡は全くゼロ。スティルワインなのにあの頑丈な口金の意味がよく分からない。香りは缶詰のパイナップル、パパイア、ナタ・デ・ココ。ひと口目は、控えめな果実味の柔らかい酸と優しい甘みしか感じない。しかし、すぐにシャルドネのキャラクターが顔を出し始めた。樽の効いたサンセールを20から30年熟成させたようなうまみが楽しい。ボトルの後半になってもバランスを壊さず、濃厚なあわびのうまみを引き受けてくれた。

コトー・シャンプノワは酸のキレが特徴だが、その酸のおかげで長年の熟成に耐える酒質となっている。このエチケットは1970年代以降のもので、それ以前はドン ペリニヨンとは全く違う丸い形の白いエチケットであったようだ。このサラン、昔は日本にも入っていたらしいが、ここ20年くらいは見かけたことがない。モエ・エ・シャンドンの

ウェブサイトの商品リストにも、このワインは載っていなかった。ぜひ復活していただきたいものだ。　〈2017.9〉

Chapitre 36

プティ・ブルゴーニュ

今回の珍品は、Petit Bourgogne 1929 Fr.Pougetoux Brive-la-Gaillarde である。このプティ・ブルゴーニュという名称は、現在は使われていない。地図を見るとベルギーのリエージュに同名の町があるが、まさか関係ないだろう。Fr・プジュトゥーも今は存在しないネゴシアンのようだ。オークションのほかのロットに Saint-Estèphe 1937 B.B Rouffaer & Pougetoux という出品があったので、戦前のワイン商の一族なのであろう。ブリーヴ・ラ・ガイヤルドという町はボルドーのペリグールの東にあり、ブルゴーニュから程遠い。ボトルはブルゴーニュ型で、エチケットの紙質はいかにも戦前の風体である。

情報が乏しいので、いろいろな方の知恵を拝借してみた。フランス在住の古酒に詳しい友人は「お尋ねのワインの名称は『melon』の別名だったはず。しかし、アペラシオンに使われたのを見たことはないです。まあ、そんな不思議なワインを贋作するわけはないから本物だと思いますが、謎ですね」とのこと。調べてみると、ムロンはロワールのミュスカデで作られる、メロンの香りの白葡萄のことである。現在はアメリカのオレゴン州でも栽培されているようだ。この品種のシノニム（異名）リストの中に、ブルゴーニュ・ブラン、ブルゴーニュ・ヴェール、ミュスカデ、ガメイ・ブランなどとともに、プティ・ブルゴーニュ、プティ・ミュスカデという名称を見つけた。しかし、このワインは白ワインが褐変したものにしては赤すぎる。

さて、このワインを持ち込んだのは丸の内のハインツ・ベックだ。今年のガンベロ・ロッソで「3本フォーク」をとった名店である。かなり不安なワインなので、念のため、バックアップに Chambolle Musigny 1985 Moingeon を用意しておいた。ご一緒したのは、フランスから来日中のガスケール一家だ。ガスケールさんは某タイヤメーカーのCMで、福山雅治とフランス語の絡みを見せたスキンヘッドの老紳士といえばお分かりだろう。店のリストからペリエ・ジュエのグラン・ブリュットで乾杯。次の Meursault 1976 Négociant Nicolas は、液面 7 ㎝でほぼ褐色。しかし、香りはランシオのかけらもない、ドライライチーのようなきれいな古酒だ。

次はわれらが「プティ・ブル」の登場である。液面は 4 ㎝で、底にしっかりした大きな澱が固まっている。念のため例のハイブリッド・オープナーを用意するも、通常のソムリエナイフで無事抜栓できた。コルクは上質で、意外と長く 40 ㎜。刻印は全くない。色調は褐色ではなく、わずかに紫の残る赤褐色でクリア。香りはドライストロベリー、まぐろ節、粉糖。ひと口目は淡い酸味と果実味だが、恐る恐るグラスを揺すると、甘みと果実味がどんどん開く。2杯目になっても酸が立たず、タンニンやイースト香も目立たなかった。きれいなピノ・ノワールの古酒である。コルクといい、味といい、一度リコルクされているような気がするが、こんなワインをリコルクしてくれるところがあるだろうか。ブラインドで出されたなら、サントネー・プルミエ・クリュ 1964 という感じだろう。このあと、乳飲み仔羊のチアシードまぶしに合わせてポムロールの Château Le Bon Pasteur 1984 が出されたが、こちらの方が熟成感を強く感じた。

ワイン・エデュケーターの楠田卓也さんに聞くと、「AOC 法ができる前ですし、『ブルゴーニュみたいなワイン』程度な気がします」とのこと。トゥール・ダルジャンのカヴィスト、林秀樹さんの意見も同じものであった。

1935 年の AOC 制定前のワインであるから、それ以前に造り手各自が勝手に名乗っていた名称なのであろう。現在、ブルゴーニュという名前が頭に付くアペラシオンは、aligoté、Chitry、Côte Chalonnaise、Côte du Couchois、Côte Saint-Jacques、Côtes d'Auxerre、Coulanges-la-Vineuse、Epineuil、gamay rouge、Hautes Côtes de Beaune、Hautes Côtes de Nuits、La Chapelle Notre-Dame、Le Chapitre、Montrecul、Mousseux、Nouveau、Passe-tout-grains、Tonnerre、Vézelay の 19 種と、Bourgogne である。この中でブリーヴ・ラ・ガイヤルドから距離的に最も近いのはオーセールだろう。当時はおおらかな時代で、どこの葡萄で作っても、どんな品種

を入れても、ネゴシアンのブレンダー次第で適当に名乗って許されていたのだろう。もしかして、Mon Bourgogne、Grand Bourgogne、Bonne Bourgogne、Bourgogne aux Maman など、いろいろな名前のワインが造られていたのかもしれないなあ。 〈2017.10〉

Chapitre 37

一級のエシェゾー

知人宅でのワインパーティに誘われたので、持っていくワインを探した。グラン・クリュのビッグ・ヴィンテージの古酒をと思い、候補に挙がったのがEchézeaux 1952とChambertin 1947だ。状態を見ようと、まずセラーから引っ張り出したのがエシェゾーである。エチケットに書かれているのは「Echézeaux Premier Cru Bourgogne VIEUX」え？　プルミエ・クリュ⁇　エシェゾーは特級でしょう！　慌てて購入時のインヴォイスを探し出して確認すると、「Echézeaux Grand Cru Neg. slightly corroded capsule」と、ちゃんと書かれている。これはちょっと面白いじゃないか。こいつに決定した。

この日の持ち寄りワインは、ルイ・ロドレールのノン・ヴィンテージに続き、Côteaux Bourguignons Blanc 2014 Domaine Leroyである。以前はBourgogne Grand Ordinaireであったが、この年から改名した。値段のわりには素晴らしいボディである。次はMeursault Les Gouttes d'Or 1998 Domaine d'Auvenay。さすがの貫禄、黄金色でライチーやマンゴスチンが馥郁と香る。苦みは全く出ておらず、見事な飲みごろである。Nuit St Georges Les Chaboeufs 1967 Domaine Leroy は淡い茜色で、あんずが香る。優しい酸とねっとりとした甘みの完熟ピノで大満足。

そして、エシェゾー1952。コルクはボロボロで同席のプロフェッショナルの腕と道具をもってしても粉々になってしまった。よってコルクからの情報はなしである。淡紅色で素っ気ない香りだが、30分、我慢していると、果実味やうまみがどんどん湧き上がってきた。エシェゾー特有の鉄っぽさはないが、十分グラン・クリュの風格がある。メンバーに「このエチケットにはどこか間違いがあります」と間違い探しをしてもらうと、「えーっと、ブルゴーニュのスペルは……」などと、予想どおり引っかかってくれた。しかし、ホストはさすがに「え？　プルミエ⁇」と気づいてくれた。

フラジェ・エシェゾー村はエシェゾーとグラン・エシェゾーの特級畑を擁し、37haの中に10カ所の特級のリュー・ディがある。そのうちEn Orveaux は半分が一級畑、Les Quartiers de Nuits はコミューン畑である（北東の角のみグラン・クリュに格付けされている）。そのほかに、Les Beaux Monts Bas、Les Beaux Monts Hauts、Les Rouges du Dessus という3つの一級畑がある（Les Rouges du Dessus は一部がコミューン畑）。地図を見ると、西の端には Beaux Monts Hauts Rougeots という小さなコミューン畑もある。

フラジェ・エシェゾー村の一級畑から造られるワインは、AOC 法ではヴォーヌ・ロマネ・プルミエ・クリュとして扱われる。また、特級畑の葡萄から格下げした場合もヴォーヌ・ロマネ・プルミエ・クリュを名乗らなければいけない。コミューン畑のワインはもちろん、村名のヴォーヌ・ロマネになる。

19 世紀にはグラン・エシェゾーのみが最高級（tête de cuvée）で、エシェゾーは特級ではなかったという。En Orveaux、Les Poulaillères、Echézeaux du Dessus、Les Cruots / Vigne Blanches、Les Champs Traversins、Les Rouges du Bas、Les Loächausses、Les Beaux Monts Bas の 8 区画が第一級（1ère cuvée）、残りの 4 区画はすべて第二級（2ème cuvée）扱いであったようだ。その後、いろいろな政治的配慮と横やりで格上げされたと、うわさされている。

師匠の磧本修二さんに聞くと、「フェヴレがコルトン・シャルルマーニュを初めてリリースしたときに、プルミエと書かれていたような気がする。畑の譲渡時の契約で、品質が安定するまではグラン・クリュを名乗らないという条件が付いていたのではないか」との話であった。パリの友人からは面白い話が聞けた。アンリ・ジャイエのエシェゾーのプルミエ・クリュのボトルを飲んだことがあるというのだ。曰く「アルティザン・デュ・ヴァン M & B というネゴシアンのヴィンテージ 1977 で、エチケットにプルミエ・クリュ・アンリ・ジャイエと書かれていた。アンリ・ジャイエが元詰めを始めた 1978 年の前年にネゴシアンに樽売りしたらしい。ネゴシアン物だからちょっと遠慮してプルミエにしておこうというアンリの良心ではないかというのが、その場のメンバーの意見だった。ちなみに、味はまさしくジャイエそのものだった」「その1952も、もしかしてジャイエかもしれないよ（笑)」

もちろん、ジャイエのエシェゾーの味ではなかったが、大盛り上がりで楽しいワイン会を演出してくれた。後日、別の友人から「私も一級エシェゾーをもっている。1970のダニエル・サンダースだ」とメールが届いた。どうやら一部のネゴシアンが売らんがために、AOCルールを無視して一級エシェゾーを名乗っている、というのが真相かもしれない。

〈2017.11〉

Chapitre 38

東京麦酒研究会

先日、渋谷のBunkamura ザ・ミュージアムを訪ねた帰りに路地裏を散歩していたら、ポートランドビールの専門店を見つけた。PDX TAPROOM という店で、いろいろな種類のクラフトビールがタップ（「ビール・サーヴァーの注ぎ口」の意）で用意されている。スタッフお薦めのサワーエールを飲みながら、ふと、昔、仲間と造ったビールのことを思い出した。

1995年ごろ、パソコン通信NiftyForumに「ビールの部屋」というのがあり、そこのメンバーが偶然自宅の近くだったため、同好の志が集まり、大森馬込近辺で麦酒研究会なるものを立ち上げた。東急ハンズで自作ビールキットが売り出されるずっと前であり、海外の文献などを翻訳しながら、ビールの自家醸造を夢見ていた。

1998年に佐倉の下野酒店内でロコビアというマイクロ・ブリュワリーが活動を開始し、われわれも早速、見学に出かけた。そして麦酒研究会ビールを造ろうということになり、下野一哉社長の協力のもと、2001年8月、ついに第一号の「フロンティアラガー」を誕生させた。これはカリフォルニアコモンビール（通称スティームビール）で、500ℓのバッチ（１回の仕込み量）であった。

その後、イングリッシュビター、アメリカンウィート、インディアペールエール、スコティッシュエールなどを造ったが、一番印象に残っているのはバーレイワインである。オールドエール、ストロングエールとも呼ばれ、アルコール濃度が高く（8～12%)、熟成期間の長いのが特徴だ。日本ではヤッホーブルーイングが8.5%の「英国古酒2002」、中津川市の博石館ビールが以前15% のバーレイワイン「ハリケーン」を造っていた。北海道麦酒醸造がかつて造っていた「トノト」はなんと30%のタフビールである。20%を超えると酵母が自滅し、醸造酒でここまでアルコール濃度を上げることはできないので、出来上がったビールを凍結させる、いわゆる「クリオエクストラクション」で水分を除いて濃度を上げていたらしい。2005年当時は世界一のアルコール濃度を誇っていたが、2009年にドイツのショルシュ醸造所が31%のバーレイワインを造り、さらにスコットランドのブリュードッグが32% のものを造り、トノトの記録が破られた。アメリカではボストンの「サミュエル・アダムス・ユートピア」が有名で、銅のポットスティル型ボトルに入れられ、値段も１本20000円近くする。

さて、自作のバーレイワインは２ケースを4、５年かけて少しずつ飲んだが、確か一本だけ大化けを期待して残してあったはずと、あちこち探したら、常温のキャビネットの奥から見つかった。一緒に置いてあったテクニカルデータによると、モルトエキスや砂糖は使わず、通常の2倍量使ったモルトはピルスナーモルト94%に、ウインナーモルトとクリスタルモルトが少し。ホップはドイツのノーザンブリュワー種を使用し、通常の5倍量を3回に分けて投入とある。一次発酵9日、ラガリング37日とあるから、瓶内熟成を前提にしていたようだ。最終アルコール濃度は9.8%である。ボトルの底を見ると1㎝を超える澱が沈んでいた。

王冠を開けると、わずかにポシュというかわいい音。王冠の裏にはうっすらとサビが浮いている。瓶の口からはわずかな泡煙が立ち上る。バーレイワインにはどんなグラスがふさわしいのか分からないので、無難にINAOグラスを用意した。静かに注ぐと、ビールらしい泡はないが、液面には小さな泡が浮かんでいる。古いビールにありがちな濁りもなく、クリアでツヤのある赤。以前飲んだボトルはもっと褐色が強かったはずだが、澱に落ちてしまったのだろうか。色だけ見ると、ボーヌの4、5年熟成というイメージである。香りは意外なことにフランボワーズやチェリーだ。まるでクリークビール(果実を漬け込んだベルギービール)のようである。

ひと口目の味はビールらしさのかけらもないピノ・ノワールの酸味と甘みで驚かされる。えぐみも金属臭もなく、赤い果実の香りまで感じる。3倍量入れたわりにはホップの香りはあまり感じないが、苦みはしっかりと舌にのっている。アフターにはきちんとビールのテクスチュアが主張している。用意したつまみはSHIBUYA CHEESE STANDのリコッタ・サラーノとサン・セバスチャン土産のハモン・セラーノであったが、それなりのマリアージュを見せてくれた。2杯目も香りは落ちず、味の変化がなかった。飲み終わり、ボトルをグラスの上でひっくり返すと、ヘドロのようなふわふわの何かが出てきたが、臭みはなく、なめても特に不快感をもよおさない。もう10年くらいは熟成を続けそうだ。家じゅう探せば、もう一本くらいどこかに残っているかもしれないぞ。〈2017.12〉

Chapitre 39

熟成寿司と古酒

空前の肉ブームである。はやりは「ひとり焼き肉」と「赤身肉」と「熟成肉」だ。

熟成肉ブームは田園調布に開店した京都の「中勢以」という肉屋から火がついたように思われる。昔から「肉は腐りかけがうまい」といわれ、ジビエは捕ってもすぐに食べずに吊るしておき、「おなかを押して肛門から汁が出る」くらいが食べごろといわれている。牛肉はブロックのまま１～5℃、湿度60～80%の専用冷蔵庫に保管し、10から40日熟成させると、表面が褐色になり、白いカビが生えてくる。腐敗臭は出ずにナッツの香りがしてきたら完成だ。タンパク質が自己分解されアミノ酸に変化するので、うまみのアミノ酸が5、6倍になるという。最近では豚肉の熟成肉も出始めている。なんとあの牛丼の吉野家でも、2014年から2週間寝かせた熟成肉を使っているそうだ。

さらに、3、4年前から熟成させた魚が登場、熟成寿司が話題になっている。もともとマグロの赤身はさばきたてではなく、数日寝かした方がよいという寿司屋も多かった。

私も10日ほど寝かして、鉄味と酸味が出始めた赤身が好きだった。白身の王様、鯛もさばきたては歯ごたえばかりでうまみがないので、2、3日おくとよいといわれていた。

しかし、このたびの熟成寿司ブームはレヴェルが違う。ネタに応じて10から40日も熟成させるのだ！　中でも二子玉川の「㐂邑（きむら）」は、3代目の木村康司さんが熟成にこだわり、ミシュラン二つ星にまで上り詰めたお店である。カツオ5日、イワシ10日、シロイカ10日、キンメ15日、イサキ20日、カジキマグロに至ってはなんと2カ月近く熟成させるのである。木村さんは「ネタに合わせて酢飯を何種類か使い分ける店が多いが、私は一番おいしい酢飯を決めて、それに合うようにネタを熟成させている。まずは酢飯ありきだ」と話す。

熟成中の魚を毎日チェックし、磨き、トリミングし、保管条件を微調整するのは営業終了後の22時から。仕事が一巡するのは深夜3時前で、家に帰りシャワーを浴び、3時間だけ寝て築地市場に行く、という生活が続いているそうだ。熟成寿司を始めてよかったことは？　と聞くと、「魚河岸が休みでも、台風でシケが続いても、ネタに困らないことかな」と笑うが、そのための苦労たるや、おいそれとまねのできるものではない。

熟成寿司には熟成古酒、ということで私が選んだのは、1980年代のノン・ヴィンテージ・シャンパーニュのAndré Lenique Cuvée Emilieである。抜栓時にわずかな音。泡は結構残るが、大粒ですぐに消えてしまう。褐色が強い金色で、香りはきんかん、ライチー、グレープフルーツ。ひと口目がなんとも甘い。エチケットを見直すと、ちゃんと「BRUT」と書かれている。少し甘みが強すぎて寿司に合わせづらかったが、30分後には柔らかい酸が戻ってきて、酢飯の風味に添い始めた。特にイカワタのルイベに絶妙のカウンターだ。スルメイカのワタを甘塩にし、1週間脱水したのち、2週間のうちに何段階かかけて塩抜きをして、冷凍保存した珍品である。これもルイベと呼ぶそうだ。

続いてのワインは50年熟成のムルソーだ。Grand Vin des Hospices de Beaune Meursault Cuvée Loppin M.G.Lafite & Cie Bruxelles 1966は、ボーヌ施療院の屋根が美しい色刷りの古きよきオスピス・エチケット。ネックラベルはかわいい天使がヴィンテージを抱えている。コルクはボロボロで真ん中だけが抜けて、あっという間にちくわになってしまった。例によってレスキュー道具一式を取り出して事なきを得たが……。色調は濁りなくクリアで、緑のニュアンスが入った金色、香りは古いみかん箱のよう。しかし、すぐにクロモジやヒノキのような香りのよい樹木系に変わった。味はえぐみがなくナッティで、生くるみのようなややドライな舌触り。この状態での酢飯との相性は抜群。

30分後には、マンゴスチンの果実とヤクルトのようなマロラクティック発酵由来の香りが柔らかい酸とともに開いてきた。2週間熟成し、とろりと大化けしたサンマのほのかな酸を引き立ててくれる。45日物のカジキマグロはタルタルステーキを思わせる味覚ベクトルであり、次回は熟成ピノ・ノワールを合わせてみたいと思った。〈2018.1〉

GRANDS VINS
DES
Hospices de
Meursault
Cuvée Loppin
APPELLATION MEURSAULT CONTROLÉE
M. G. LAFITE & Cie, BRUXELLES
BOUTEILLE Nº 001420

Chapitre 40

ヴージョ・ブラン

ワイン会に行くと、「どんな白ワインがお好きですか」と聞かれることがある。そんなときの私の答えは、コルトン・シャルルマーニュやムルソー、ル・モンラッシェではない。あまたあるブルゴーニュの白ワインの中で私が大好きなトップ3は、シュヴァリエ・モンラッシェ、ピュリニー・モンラッシェ・ラ・フォラティィエール、そしてヴージョ・ブランである。

20年ほど前、ミスター・スタンプス・ワインガーデンで磧本修二さんにLe Clos Blanc de Vougeot 1983を飲ませてもらって、ぶっ飛んだ。ル・モンラッシェのあざとさやコルトン・シャルルマーニュの素っ気なさに比べると、なんともエレガントで魅惑的なワインであった。ワインメモによると、そのとき一緒に飲んだルフレーヴのバタール・モンラッシェ1994やラヤス・ブラン1990と比べても遜色のないコメントが記されていた。その後、ヴィンテージ1993、1997、2002などを飲んでみたが、いずれも安心のボトルであった。「ヴージョはおそらくブルゴーニュで最も悪名高きアペラシオンだ」とこき下ろしていたロバート・パーカーも、「ル・クロ・ブラン・ド・ヴージョはニュイ随一の白ワインであって、ミュジニー・ブランなどの上をいく水準」とべた褒めしていた。そこで久しぶりに飲んでみようとセラーを探したら、エチケットの違う３本が見つかった。この際だからと、３本並べて味わってみた。

まずは Vougeot Blanc 1er Cru 1997 Domaine Bertagna である。ドメーヌ・ベルターニャは一級の Les Cras と、一級ではない Le Village のふたつの畑をもっている。現在では別々のワインとしてリリースされているが、この 1997 のボトルは畑名の入っていないプルミエ・クリュである。淡い金色で、少し黄銅鉱の色合い。パイナップルやライチーが優しく香る。ひと口目は冷たい酸が素っ気ない。温度を少し上げてやると、ドライマンゴーのような甘みと酸味のバランスが戻る。しかし、ボディは細く、思っていたヴージョ・ブランの味ではなかった。

続いては Le Clos Blanc de Vougeot である。造り手は最近のヴージュレと以前のレリティエ・グイヨだ。Vougeot 1er Cru 2009 Le Clos Blanc de Vougeot Monopole Domaine de la Vougeraie は淡い黄色で、まだライムやきんかんが香る。最初から意外と味が開いており、粘りを感じるが、味は単調で不完全燃焼である。１時間ほどで果実が開いてきそうな気配を見せたが、残念ながら中途半端にしぼんでしまった。香りが開いたころには酸が立ってきて、バランスを崩してしまったのだ。

そして、真打ちは Vougeot 1er Cru 1986 Le Clos Blanc de Vougeot L'Héritier-Guyot だ。淡い茜色の入った金色で、緑っぽいリングも見られる。完熟したラ・フランスの奥にカシューナッツやミルキーキャンディが香り始めている。ひと口目には軽い苦みがあったがすぐに消え、柔らかい甘みとタフな酸が舌にのってきた。2 杯目からは酸も開いてきて、期待どおりの味になってくれた。

ル・クロ・ブラン・ド・ヴージョの葡萄畑は 1098 年に、シトー派の修道僧によって拓かれた。当時はル・プティ・クロ・ブラン・ド・シトーとも呼ばれていたようだ。戦後はクレーム・ド・カシスで有名なディジョンの会社、レリティエ・グイヨの単独所有になった。そのエチケットは覚えているだけで 3 種類あった。ゴシック風の青い文字のクラシックなデザインのもの、水色と白のツートンに金紋章のシンプルなデザインのもの、そして、この黄色に赤文字のモダン・デザインのものだ。どうやら、ヨーロッパ用とアメリカ用を分けていたらしい。よく見てみると、紋章のデザインも微妙に違っている。

2003 年には、ブルゴーニュ最大のネゴシアンであるボワセのジャン・クロード・ボワセが手がける高級ブランド路線のドメーヌ・ド・ラ・ヴージュレに買収された。このドメーヌはミュジニーやコルトン・シャルルマーニュなど 6 つのグラン・クリュを含む 30 のアペラシオンをもつという。ヴージョ・ル・クロ・デュ・プリウレ・ブランというリューディのワインも造っているようだ。現在、ル・クロ・ブラン・ド・ヴージョは 2ha 余りの畑から 10000 本のワインが造られ、モノポールを名乗っている。最近のセパージュはシャルドネ95、ピノ・グリ4、ピノ・ブラン１％と発表されている。馬で耕しビオディナミを行っているらしいが、残念ながら、買収以降は良質だが凡庸なニュイの白でしかない。昔日の栄光のワインが復活することを祈るばかりである。〈2018.2〉

Chapitre 41

シャルルマーニュの赤

「京味で隣に座った、〇〇です」とメールが届いた。ワイン会のお誘いである。そういえば、前にカウンターで持ち込みワインを飲んでいて隣の人と古酒の話で盛り上がり、名刺を交換したのだった。そのときに飲んでいたのはAlexis-Lichine Chassagne Montrachet 1975 とBeauliue Vineyard Cabernet Sauvignon 1969 のドゥミボトルであった。このたびのお誘いは「知人の開催する古酒ばかりの会に空きがあるので来ないか」というもの。リストの全12種の中に興味深いボトルがある。案内状には19時半から21時半までとあるが、2時間で12種類の会とは？

会場の銀座のカフェサンクに入ると、若いメンバーばかりで驚いた。主催者にお会いすると私が20年以上前に大井町の小西屋で飲んでいたころの知人であった。当時からワイン会を続けていて、その日がなんと868回目！ テーマはブルゴーニュの古酒だ。席にはボルドーグラスが3脚と付箋紙が1枚置かれていた。若い順にワインが注がれ、時間が来ると最初のグラスが回収されていった。そう！
120分で12本だから1本10分の持ち時間というわけだ。10分ごとに新しいワインが来て、30分で飲み終えることになる。
「あと1分でグラス回収です」とホストから声がかかると、みんな急いで左端のグラスを空けて自分の名前を書いた付箋紙を貼る。するとホストがグラスを回収し、古酒を抜栓、デカンターに移し、等分にグラスに注ぎ、右端に置くよう渡してくれる。飲み手は回収前に付箋紙を左端のグラスに移して次の準備をするという見事なオペレーション。スマートなのか貧乏くさいのか、微妙な感覚の古酒ワイン会である。

1）Beaune Teurons 1966 Bouchard Pere et Fils

暗いさび色で嫌な予感。酵母香が強く過熟している。渋みと苦みがわずかにあるも、なんとか飲めるぎりぎり。30分後には少し酸が戻り救われた。

2）Corton le Charlemagne 1966 Jean Bridron

えっ？　コルトン・シャルルマーニュの赤??　これは初めての経験だ。沈んだ茜色でトップからスチュードプラムが香る。酸に渋みが混じるが、健全な甘みで美しい味の古酒である。どんどんバランスが戻ってよくなってきたが、持ち時間到来、泣く泣く飲み干した。コルトン・シャルルマーニュがピノで造られているわけではなく、「ル・シャルルマーニュ」の畑の赤ワイン、これはかなりの珍品。「Jean Bridron」で検索してみると、1982のアロッス・コルトンは見つかったが、最近のワインが見当たらない。この赤のシャルルマーニュも1966、1967の2ヴィンテージしかヒットしなかった。コルトンの丘で赤ワインを造れば「コルトン」で、白ワインを造れば「コルトン・シャルルマーニュ」となる。もちろん、規定された9区画(ラドワの3区画、ヴェルジュレスの1区画、コルトンの5区画)以外のシャルドネは「コルトン・ブラン」になってしまうが。AOCではコルトンの白のグラン・クリュに「コルトン・シャルルマーニュ」と「シャルルマーニュ」があるという。コルトンの4区画とヴェルジュレスの1区画で許可されている「シャルルマーニュ」はアリゴテも許されているが、現実に造っている醸造家はほとんどいないそうだ。しかし、あちこち調べてみると、ドメーヌ・シャンドン・ド・ブリアイユのシャルルマーニュが日本に入っているらしい。モエ・エ・シャンドン家の類縁で、0.28haの畑の樹齢30年のシャルドネだけで造っているようだ。こうなると、なんとか入手して試してみたい。

3) Chambertin Clos de Bèze 1966 Docteur Marion

細かいタンニンが気になるが、ひと口目から甘みがおいしい。しかし、短時間で金属味に。

4) Chambolle Musigny 1964 Charles Viénot

紫の残る赤、若いベリー。ヴィンテージ1978くらいの印象。おいしいがシンプル。

5) Vosnc Romanée Les Suchots 1964 CVM

リコルク。アルコールが硬くボディが細い。1980年代中ごろの味。

6) Santenay1959 Domaine des Hautes Cornièrcs

リコルク。エッジの効いた酸。サントネーらしさが前に出た古酒。

7）Vosne Romanée 1959 Chanson Père et Fils

キャップシールはしっかりしていたが、コルクが落ちて液面に浮いている。暗赤色、赤さび味。酸味が全くない。念のため 30 分待つも、生き返らず。

8）Volnay Champans 1959 Chanson Père et Fils

固く締まった澱が舞っているが、クリアな味。予想外にタフなワインでジャミー、チューイング。オージー・ピノのようなニュアンス。いつも薄味のシャンソンとは思えない（失礼！)。

9）Volnay Les Caillerets 1953 Pierre Latour リコルクと思われる。ひと口目から甘み、酸味が全開。ヴォルネーは古酒飲みの心強い味方、を実感。そして 1947、最後はメインの 1928 だが、続きは次回で！ 〈2018.3〉

Chapitre 42

Tâche Romanée 1928

知人から誘われた一種あたり10分で楽しむ“わんこそば”のような古酒ワイン会。前回は9種目までのワインを綴った。続く2種のヴィンテージはいずれも1947で、Moillard GrivotのNuits St.-Georges Clos de ChoreyとBernard GriveletのRichebourgだ。前者は細くてスコスコのコルクのせいか、濃縮気味のワイン。でも黒蜜、タフなボディはさすがの1947。後者はノン・リコルク、果実の酸がしっかり残る。少しタンニンが荒れているが、黒蜜ベースがそれを押さえ込んでいる。いつものおいしい古酒だが、リシュブールの味ではなく、1947の味だ。

そして、このワイン会のメインは、最後のTâche Romanée 1928だ。これが飲めるということでお誘いに飛びついたのだ。現在のDRCのLa Tâcheとは違う、1933年にDRCに買い取られる前のワインである。しっかりしたベージュの紙でシミのついたエチケットには「Grands Vins de Bourgogne Tâche Romanée 1928 Chevillot, Négociant Beaune」とある。その脇にはカーヴと樽とボトルの絵が書かれており、「Moines du Chapitre」とある。リジェ・ベレールの元詰めではなく、ネゴシアン詰めだ。ホストの話では、2016年10月にフランスのオークションで入手。輸送料などの諸経費込みで20万円程度であったという。ボトルは昔の重いガラスで、瓶底のヘソには形成時の玉が残っている。短く斜めに切られた赤いキャップシールは薄い白銅で、白い粉が吹いている。おそらくはコルクの確認のためにオークションハウスが切ったものだろう。液面は2㎝と異常に高い。ノン・リコルクという話だったが、意外にしっかりしたコルクで簡単に抜栓できたが、なんと30㎜と異様に短い。コルクには残念ながら、なんの情報も書かれていない。若さの残るクリアな茜色で、マンゴスチン、ドライグリオットの香り。ひと口含むと、トップから果実の味が開いている。ねっとりとした甘みや果実由来の酸味もバランスがよい。10分、20分と少しずつ開いていき、味の劣化はなかった。複雑さが乏しいが、単純においしい。いや、おいしすぎるのだ。90年前のラ・ターシュといわれて想像する味は、黒蜜、ドライプルーン、ばらのジャムだが、このワインは若くシンプルでおいしすぎる。

現在のラ・ターシュは6.0602haでDRCのモノポールだが、もともとは1ha強の小さな区画で、1815年から1933年まではリジェ・ベレール家が単独所有していた。19世紀後半から20世紀初めにかけては、ターシュ・ロマネやロマネ・ラ・ターシュなどと称していたようだ。

1860年代、デュヴォー・ブロシェは、ラ・ターシュの隣地の一級畑であるヴォーヌ・ロマネ・レ・ゴディショの大部分を所有していた。1932年にリジェ・ベレール家はラ・ターシュの表示を制限しようと訴訟を起こすが、同年出された判決ではレ・ゴディショの畑にもラ・ターシュの表示が認められた。その後、リジェ・ベレール家の当主が死去すると、相続問題で畑は競売に出され、1933年にDRCが取得。もっていたゴディショをすべてラ・ターシュに併合した結果、4倍の広さになった。こうして、現在のラ・ターシュが誕生したといわれる。ゴディショは今も少し残されており、ラ・ターシュの最上部、最下部、南端に接する3カ所に小さく残っている。マシャール・ド・グラモンやニコラ・ポテルなどが素晴らしい一級ワインを造っている。

さて、このボトルの真贋（しんがん）だが、ターシュ・ロマネをネットで画像検索してみると、1923、1928、1929がたくさん見つかった。ボトルの形はブルゴーニュボトルとリエージュボトルの2種類があった。中には白地のエチケットのボトルも見つかった。しかし、ヴィンテージの偏りが気になる。液面、コルク、おいしすぎる中身を総合すると、フェイクの可能性が限りなく高い。同じボトルを昔飲んだことのあるという知人に聞いたところ、「パトリアッシュの古酒にカリフォルニアのピノを混ぜて、30年くらいたったもののような印象だった」とのことだ。1928のターシュ・ロマネはもともと1ha強しかないわけで、それが90年後にそんなにたくさん残っているはずがない。結論は「質のよい偽物」というところだろう。ところで、ネットには1929のDRCゴディショの画像もあったが、これは見事な風格で本物に間違いなし。いつか飲んでみたいものだ。

〈2018.4〉

Chapitre 43

贋作その後

「Chapitre 34」にて、ルディ・クルニアワン（RK）の「サワー・グレープ」騒動を紹介したが、捜査や裁判の資料の内容が判明してきた。RK が 12 年間に売ったワインは約 13000 本で、金額は＄1億を超えるという。RK のワインは本物のボトルに詰めた偽ワインがほとんどだが、一部には明らかな偽ボトルなのに中身は本物というものもあったという。こういう小細工ボトルを批評家に飲ませて、お墨付きを得ていたのだろう。怪しいワインをつかまされた不安な人々のために「偽造ワイン鑑定サーヴィス業」ができて大繁盛らしい。ここでめでたく偽物と判定されたワインは、こそっとオークションに出される。もしオークション会社からクレームをつけられても「善意の第三者」として罪に問われることはなく、ワインが返却されるだけである。その後はネットオークションなどに流れていくのであろう。

RK の逮捕後（「Post-RK era」というらしい）も、いろいろなうわさが飛び交っている。偽造の手口はさらに巧妙になり、偽ワインの種類もずいぶん増えているようだ。スキャナーやプリンターの技術革新のおかげで、エチケットはますます完璧になった。コルクへの印字も、家庭用のコンピュータ制御のレーザーカッターを使えば細かい模様まで再現することができるようになった。さらに、DRC や五大シャトー、アンリ・ジャイエなどのメジャーワインではなく、ラモネ、ルフレーヴ、ラフォンなどの一級物の偽物も増えているらしい。古酒だけではなく、ここ 10 年くらいの若いヴィンテージのクロ・パラントゥやレザムルーズにも怪しいボトルが見つかっている。142P でで記した「神奈川の偽ジャイエ」は、やはり訴訟騒ぎになって同僚が担当したと、先日のワイン会で会った弁護士が言っていた。しかし、誰がどれだけの被害を受けたのか認定が難しく、立件できそうにないという。

さて、RK はジャック・フレデリック・ミュニエのミュジニー 1937 やポンソのクロ・サン・ドゥニ 1945 など、造っていないことがちょっと調べればすぐに判明するようなワインをなぜ偽造したのだろう？　エチケットやインポーターラベルなどのスペルミスも多いという。東南アジアの夜店の「CHANNEL」や「ERMES」でもあるまいし、これほどのビッグビジネスにしては脇が甘すぎる。

絵画の世界では、贋作作家という職業はどんなに見事な作品をつくっても誰からも評価されない。それで自己満足のためにわざと小さなミスをつくって、「誰か気づく人間がいるか」と足跡を残すことがあるという。だまされた人々をあざ笑って、優越感に浸るのであろう。「モナリザは贋作だ」といううわさは絶えないが、もし贋作だとしたら、その作家はルーヴル美術館でモナリザにため息をつく観光客を見るたびにすごい優越感を感じるだろうな。先日はイギリスの肝臓外科医が手術した患者の肝臓に自分のイニシャルをレーザーメスで入れるという事件もあった。RKも同じような愉快犯的な気分があったのかもしれない。

愉快犯で思い出したが、3、4年前にドイツで偽札騒ぎがあった。ナポリのギャング団が偽ユーロをつくったのだが、それがなんと300€札である！　もちろん、そんな額面の紙幣は存在しない。赤ワイン色で建物のデザインが描かれている。本物の紙幣には入っていない発行元名として、「ドイツ第一銀行」とある。さらに、なんとご丁寧に「Made in Napoli」という文字まで入っているのだ。しかも、イタリア製なのにイタリア国内ではなく、ドイツにばらまいたというから愉快だ。真面目なドイツ人がまんまとだまされ、数万ユーロの被害が出たというから、南北格差の大きいユーロ圏で大笑いのネタになったそうである。特にイタリアではワイドショーで何回も取り上げられたが、ドイツ国内のニュースでは黙殺されたそうだ（写真はその偽ユーロ）。

ということで、今回の結論もいつもと同じ、「真実はボトルの中にのみある」でした。　〈2018.5〉

300
BCE ECB EZB EKT EKP 2001
300
Deutsche BundesBank
300 EURO
Made in Napoli

Chapitre 44

La Tâche 1954 コルク落ち

一番好きなワインは何かと聞かれて、いつも私が答えるのは「La Tâche 1954」である。1995年に虎ノ門のヴァン・シュール・ヴァンでピーター・ツーストラップ主催のオールド・ヴィンテージワイン会があり、そこで飲んだものだ。そのときのワインリストを見直すと、Perrier-Jouët Belle Époque 1988、Corton Charlemagne Pierre Morey 1990、Château Mouton Rothschild 1976、La Tâche 1966、1954、Massandra White Muscat 1945の6 種。10人の会で、キャヴィアに始まり、きじのトリュフ風味がメインで出て、なんと会費30000円というお得な会であった。そのときのLa Tâche 1954のあまりの妖艶さと、ヴィンテージを超えたマッチョな骨格に魅了された。

その後、1943、1947、1948、1957、1958、1963、1973、1976、1982、1983、1988、1990、1995のラ・ターシュを飲んでみたが、あのときの1954ほどの感激は得られなかった。メルアドを「LATACHE1954.xxx@」にするくらい忘れられないヴィンテージなのである。しかし、この中でおいしかったワインを挙げるとすれば、実は1943と1991である。けれど、やはり生まれ年のDRCは別格なのだ。

そして、再びラ・ターシュ1954を入手し、自宅セラーで20年近く大事に保管していたものの、いつ飲もうかと悩んでいた。今年の誕生日に数人の友人に声をかけてみたら、同い年の石田純一さんが来てくれるというので、ついに開ける決心がついたのだった。

会場は北青山のフロリレージュの個室。フロリレージュは2018年版「アジアのベストレストラン50」の第3位に輝いた。ゲストは石田さんのほかに、池畑慎之介さん、パラダイス山元さん…etc.。

レストランお任せのシャンパーニュは、なんとモエ・エ・シャンドン・ブリュット・アンペリアル1990。最近リリースされた、大きく「1990」と白文字で書かれた蔵出しのボトルではなく、昔のエチケットのままの「市中熟成」である。泡はしっかりと残っており、アンバーからオパール色。バターの効いたブリオッシュが香る。酸の角が少し立っているが、太いボディに絡みつくうまみはまるでドン ペリニヨンである。そして、白ワインはルーシー・マルゴーのピノ・グリ2015。話題のオーストラリア産オレンジワインだ。このボトルはあまり酸化が進んでおらず、フレッシュだった。

さらに、マイセラーからChâteau Croizet Bages 1954を用意した。10年ほど前に3本購入した最後のボトルだ。実は、それまでに飲んだ2本は“ハズレ”だったので不安が残る。ノン・リコルクで短いコルクだったが、折らずに抜栓してもらった。デカンタージュの直後にグラスにサーヴ。鰹だし、しょうゆ、プルーンのペーストの香り。鉄さび色で沈んだボルドーのたたずまい。トップに苦みがあるものの、果実の酸とこなれたタンニンが醸し出す真っ当なボルドーの古酒であった。

そして、大真打ちのラ・ターシュだ。No.009766。エチケットにはオベール・ド・ヴィレーヌのサインだけで、ラルー・ビーズ・ルロワのサインは入っていない。追加でルロワのサブ・エチケットが貼られている。するとソムリエが暗い顔で私の後に立ち、耳打ちをしてきた。「抜栓しようとキャップシールを剥がしたら、なんとコルクがないんです！　よく見ると、ボトルの中に浮かんでいるんです」
「え？」「液漏れはないので、一週間前にお預かりしてからのどこかで落ちたのかも。シールを剥がした瞬間に落ちたのなら救われるのですが……」

しかし、ここまできたら飲むしかない！

これもデカンタージュして、すぐグラスに注いでもらった。わずかに紫の残る茜色。酸化した酢のにおいと思いきや、見事に熟成したピノの香りだ！　やはり、直前にコルクが落ちたのだろう。

ワインを含み舌にのせてやると、これこれ！　この味だ。濃厚な果実が舌の脇から裏にまでまとわりついてくる。のどを通るときの未練がましいまでのアフターの長さは、さすがのDRCである。ゲストのホッとした顔がなんともうれしい。こうなると予備のワインも投入となる。Pommard 1943 Boisseaux Estivantは何回も飲んだ安心の超古酒。

ジャムのような濃縮ワインである。

さて、来年はどの1954を飲もう？　ペトリュス1954はもうしばらく置いておいて、オ・ブリオンかムートンにしようかな？

〈2018.6〉

Chapitre 45

「P3」?「P5」?

最近はシャンパーニュの世界でも「熟成」が話題になってきた。エイジングではなく、本来「充実」を意味するプレニチュードPlenitudeが熟成の代名詞になってきている。

話題の「P2」はドン ペリニヨンにおいて、第二の熟成のピークに達したヴィンテージを指す。瓶内熟成8年目を第一プレニチュードととらえ、従来のドン ペリニヨンのリリース時期とする。そして、16年目を第二プレニチュードと称し、瓶内熟成が次の段階に達したとして「P2」シリーズを売り出した。瓶内熟成開始から3、40年たったものは、第三プレニチュードの「P3」となる。ドン ペリニヨンには従来「エノテーク」シリーズがあり、13から15年熟成のボトルをリリースしていた。私は見たことはないが、エノテークプラチナという30年熟成のボトルもあったらしい。

敏腕シェフ・ド・カーヴのリシャール・ジェフロワが2014年にエノテークを「P2-1998」と改名したのが大当たりし、今じゃ「P2じゃなきゃ、飲みたくない」とのたまう“港区ワイン腐女子”も多い。2015年にはP3がリリースされた。ヴィンテージは1970、1971、1982で、これは従来のエノテークプラチナに当たるものであろう。以前、ジェフロワに今後「P4」を出す予定はないのかと聞いたところ、何も答えず意味ありげに笑うだけであった。

レゼルヴ・ド・ラベイは澱引きせずに20年間熟成し、R.D.（「近年デゴルジュマンされた」の意）でリリースするタイプであり、Pシリーズとは一線を画しているようだ。ドン ペリニヨンのエチケットは白、ピンク、黒、金のほか、イヴェント物で青や緑もあり、口さがないワインラヴァーたちからは「戦隊ヒーロー、ドンペリレンジャー」ともいわれている。かつてLVMHのウェブサイトには「ランスでの熟成は、販売後、市中で古くなったボトルとは全く違う」というようなことが書かれていたが、ワインラヴァーたちのセラーもなかなかばかにはできないものだ。私の熟成ポリシーは「普通のボトルの、できちゃった古酒」なのだよ。

ということで、今回はLaurent-Perrier Cuvée Grand Siècleである。本来はマルチヴィンテージで造るグランシエクルだが、1980年代後半にはヴィンテージ表示をしたものもあった。その後はまたノン・ヴィンテージに戻り、黒に銀文字のエチケットになっている。このボトルは金文字のエチケットでノン・ヴィンテージであるから、1970年代後半から1980年代前半のものであろう。持ち込んだのは、銀座の三つ星「鮨よしたけ」である。吉武正博さんはニューヨークでの生活も長く、ワインに対する理解があり、持ち込みを快諾していただいた（先日は彼のヴィンテージのBeaujolais 1964 Emile Chandesaisを持ち込み、大好評だった）。

ワイヤーはさびなし、コルクは細くてカチカチ、ワインにあたる面の丸コルクが剥がれてしまった。黙っていても白ワイン用グラスが出てくるあたりはさすが三つ星である。見た目の泡は全くなし。淡い金色で、褐変はない。香りはナッツキャンディ、口に含むとわずかに舌先に泡の刺激が残る。味わいはきれいに枯れたバタール・モンラッシェのよう。酸がまるく、タンニンの刺激もいいアクセントで、予想どおり、寿司にぴったりであった。

それではもっと古いのと寿司との相性はどうだろうか、ということで、Taittinger Comtes de Champagne 1959を用意した。1982年に購入し、自宅熟成を続けていたボトルである。持ち込んだのは二子玉川の二つ星熟成寿司「㐂邑」だ。キャップシールに損傷はないが、ワイヤーはさびだらけで、ミュズレはきれいな赤い色。コルクを回すもくっついたままで、真ん中から切れてしまった。仕方なくソムリエナイフでレスキュー。ややクラウディだが、艶のある赤銅色で、きんかんジャムの香りが周りにあふれている。マデリゼではない、健全な完熟マデイラのまるくキリッとした酸が驚きだ。ワイン泣かせの、ウニやコノコ（ナマコの卵巣）、あわびの肝などにも全く動じず受け止めてくれる。店主に一杯差し出すと、「うちの酢飯にぴったりの味だ」と驚いてくれた。これくらい古いシャンパーニュだと、抜栓後30分くらいでイースト香が出てくるのだが、さすがコント！　底の澱が舞い上がるまで飲んでも、最初の味のバランスを壊すことがなかった。このボトルに謹んで「P5」を進呈したい。〈2018.7〉

Chapitre 46

キアンティ・クラッシコ垂直

「Chapitre 41」でご紹介した「120分12種ワイン会」からまたお誘いが来た。各自グラスが3脚、ワイン1種につき持ち時間が30分というベルトコンヴェヤー式の試飲会だ。今回のお誘いは、バローネ・リカーゾリのブローリオ・キアンティ・クラッシコ・リセルヴァの垂直試飲である。なんと、1986から1955のうち12ヴィンテージがそろっているという。

入手経路は、昨年秋にヨーロッパのオークションで落札したという。そういえば、私も同じようなものに入札した覚えが……。記録を確認すると、9月のオークションでリカーゾリ18本セット（この12本のほかに1969、1983が2本ずつ、1958と1988も含まれていた）があった。落札予測価格は170～230€、私は250€で入札したがロスト！

この会の主催者が320€で落札したようだ。

DOCGの1985と1986以外のエチケットには、1955をふくめDOCと表記されているが、1960だけはなぜかDOCが書かれていない（キアンティがDOCになったのは1967年、DOCGに昇格したのは1984年、単独でキアンティ・クラッシコDOCGに認定されたのが1996年という背景がある。なお、1924年にキアンティ・クラッシコワイン協会が設立された際にシンボルマークを黒鶏としている)。

私の予想では、1980年代は真っ黒、中間は焼けた褐色、うんと古いのはロゼか白ワインと踏んだのだが、さてその結果は……。

1986:鉄さび色、桑の実色。ヨード、黒すぐりの香りが強いアルコールにのる。黒酢、黒蜜系の黒づくしの味。舌の脇に鉄分が引っかかるが、タフなボディで押し切られてしまう。最近の強力キアンティ・クラッシコの典型か。

1985:褐色がかった、茜色。黒酢の水割り。果実味に乏しく細いワイン。タンニンが少し荒れて舌を刺激する。ちょっと残念。

1983:夕焼け色、ワニスを引いた水うちわの色調。柿酢の香りが時間とともに冷やしあめのニュアンスに。果実味の残る熟成のピノ・ネロのような味わい。1970年代後半のサントネーのイメージか。

1982:コルクがボロボロでフュネル(漉し器)を使用。紫がエッジに残る鉄さび色。最初閉じていた香りは、開くにつれてメルロのような感じに。カラントジャムのような、濃厚でマスキュランな味。タンニンはタフだが舌には当たらない。時間とともに(30分しか持ち時間がないが)さらに落ち着いて、まさにキアンティ・クラッシコの華である。

1981：美しいピノ・ノワール色。メープルシロップの香りの奥にオーク樽が顔を見せる。バランスの整った酸と、たっぷりの甘み、艶のあるタンニン。印象はサヴィニー1978という感じ。

1978：淡いベリー系の色調。トップに不潔な樽から来るようなにおい。そう！　1980年代のセラファンのジュヴレ・シャンベルタンがこんな香りだった。5分で香りが変わり、マクワウリのようなエステル香が立ってきた。ひと口目はとげとげしい酸だが、果実味は残っている。古いキアンティ・クラッシコといわれて想像したとおりの味だ。お約束どおり、すぐに酸っぱくなってしまった。

1969：ほかは薄い金属フィルムのキャップシールだが、これだけはなぜか硬質プラスチックだ。淡い茜色、黄昏色。なんだか懐かしい香りがする。白いんげん豆の水煮？　いや、あずきを炊いたときの香りだ。イースト香も出始めている。ひと口目は酸が前に出しゃばっているが、果実の甘みも残っており、真っ当なキアンティの古酒だ。強さはないが、これで満足。

1967：同じく淡い茜色。こなれたアルコールの香りで、縁日のあんずあめを思い出させる。優しく甘い味わいはボーヌの古酒のよう。しかし、すぐにタンニンがとんがってくる。この変化の速さはいかにもキアンティか。けれど、このチャーミングな酸は大好きだ。

1964：緑がエッジに入る赤褐色。香りはイースト、酒精、リコリス。ひと口目の印象は「ボルドーの水割り」で、ボディがありバランスもよいが、何かこぢんまりと中途半端だった。

1962：黄昏を過ぎた、かわたれ（彼は誰）色。健康のために飲むフルーツ酢のような、不快ではないがキツイ酸の香り。口に含むと水っぽいのだが、アフターはしっかり長い。酸が強めだが心地よいあと口。これも捨てがたい“キアンティ・クラッシコ・フィニッシュ”だ。

1960：はやりのオレンジワインのような夕焼け色。香りはダージリン、和三盆。味も和三盆だ。1962とは逆に酸が弱いが、バランスは踏ん張っている。小さいキアンティ・クラッシコ。

1955：トップからカビ臭？　ブショネ⁇　青草の香りにしてはひどい。色調はかき氷のいちごシロップを10倍に薄めた、フェイクのガーネット。ドライアウト気味で、鉄さびっぽい渋みが目立つ。以前、自宅で同じ1955を飲んだが、そのときは黒蜜のようなワインだった。このボトルは残念な末路であった。ま、これも古酒の定めですな。

〈2018.8〉

Chapitre 47

エシェゾー・ヴージョ

今回オークションで手に入れたワインはエシェゾーである。オークションリストには「N/V　Échézeaux-Vougeot Grand Cru Dufouleur early 20th century」とある。そのときは何も考えず、「あ、古いエシェゾーか、面白そうだな」と落札したのだが、届いたワインをよくよく見てみるとなんだかおかしい。エチケットに書かれているのは「Échézeaux-Vougeot Dufouleur Père & Fils PROPRIÉTAIRES-NÉGOCIANTS A NUITS-SAINT-GEORGES　CAVES DE DEPOT CENTRAL 13-15 RUE ST-JOSSE BRUXELLES」である。

そう、ワイン名がÉchézeaux-Vougeotなのである。隣同士のAOCの名前がつながった名前なんて、あり得ないはずだ。デュフルールは今でもワインを造っており、フラッグシップはエシェゾーである。そのウェブサイトによると、フラジェ・エシェゾーのフラジェFlageyの名は、この村の土地を所有していたローマ人フラヴィウスFlaviusの名から来ているとある。その後はフラジウムやフレゲ（1131

年の文献には Flagy と記されていた）など、いろいろな名前が使われていた。フラジェ・エシェゾー村になる直前までは、長い間、フラジェ・レ・ジリー Flagey-les-Gilly と呼ばれていたが、1886 年3月3日に特級畑のエシェゾーの名と統合された。

ちなみに、エシェゾーというのはラテン語で「古びた家、小屋」を意味する「Es casa cabane」から来ているそうだ。歴史的には 12 世紀に畑を開拓したシトー派修道院がこの地を支配しており、当時はエシェゾーやグラン・エシェゾーもクロ・ド・ヴージョで醸造されていたという。19 世紀末にはワインの名称がかなり混乱しており、それをコントロールするため AOC が発足したのは 1937 年7月である。このエチケットには AOC が入っていないので、それ以前のワインであることは間違いなさそうだ。しかし、1920 年代には混乱した地区を見直そうという動きが始まっており、実質は AOC に近い呼称を使っていたらしい。よって、このボトルは 1910 年代のものだと思われる。

こういう珍品は磧本修二師匠に抜栓をお願いするしかないと、六本木の Mr. Stamp's Wine Garden に持ち込んだ。「リスキーなワインを一本持ってきてね」とお願いし、8 人のメンバーを集めたのだ。

まずは、店で Fleury Blanc de Noirs をオーダー。新しくなったエチケットだ。「ヴィノテーク」の S.Y. 元編集長からは Mountadam Chardonnay 1991。今は LVMH グループに売却されたワイナリー。果実は少し落ちているが、おいしい熟成。すると、参加者のひとり、M.W. さんから「確か1995年の世界ソムリエ大会で、田崎真也さんがブラインドで当てたワインでしょう！」との発言が！　後日、田崎さんに確認すると、「ワイン名は当てたのだけど、ヴィンテージが一年違っていた」とのことであった。

次は私が店に預けていたワインから、Chablis Domaine de Vaudon 1996 Joseph Drouhin。今ではドルーアン・ヴォードンと名前が変わった区画の村名ワインだが、見事にトロトロの熟成。そして、M.S. さんからニュージーランドのプロヴィダンスで、プロヴィダンスが造られない年にリリースするという Marangai 1995 が出されると、亡き麻井宇介先生と映画『ウスケボーイズ』の話題で盛り上がる。T.E. さんからは Château Haut Brion 1988 のマグナム。常温床下保管で吹いた跡がある。葉巻ではなく、紙巻きたばこの吸い殻の香り。味は残念ながら細め。先週ドメーヌを訪ねたという M.M. さんがハンドキャリーで持ち込んだ Quintessence du Petit Manseng 1998 Domaine Cauhapé が締めを飾った。

さて、問題のエシェゾー・ヴージョだが、コルクはボロボロで刻印などの情報は得られず。デカンタージュし、グラスに注いだ直後は冷たい麦茶のような素っ気ない香りだ。紫のニュアンスの残る茜色で、褐色のベクトルはない。ひと口目は淡い苦みの引っかかる柔らかめの酸味であったが、すぐに果実系の酸が目覚め、骨太の古酒が開眼した。黒糖ではなく上白糖の香りで、すみれの砂糖菓子を思い出させる。コンソメ・フランにドンピシャの相性で、だし汁や漢方系のヒントがあふれている。ブラインドだと1950年代のニュイの一級畑か。最後まで酸っぱくならず、楽しませてくれた。

一貫してエシェゾーの香りやキャラクターは現れず、ヴージョがメインのワインと思われた。皆さんの意見を総合すると、２種類のワインをもっているネゴシアンが、単品詰めした残りの半端ワインをミックスしてこんな名前を付けたのではないかという推察だった。原産地呼称制度黎明期のどさくさワインであり、今現在こんなミックスを造ったら、Appellation Côte de Nuits Contrôlée とでも名乗るのかな？

〈2018.10〉

Chapitre 48

祝！ ○ 寿

ヴィノテーク・ファウンダーの有坂芙美子さんの誕生日を祝う会を“実況中継”する。会場は有坂さんの住まいから３軒隣のビストロだ。有坂さんに飲んでもらいたいワインを一本持参するのが参加の条件だった。

まずは泡３種から。Fleury Blanc de Noirs Brut、Pierre Péters Les Chétillons Cuvée Spéciale Blanc de Blancs Brut 2010、Vilmart et Cie Grande Réserve Brut Prémier Cru。

白に移って、北海道・岩見沢の Kurisawa Blanc 2017 Nakazawa Vineyard。いろいろな葡萄がアサンブラージュされた逸品である。田崎真也さんからはサン・ペレのスペシアル・キュヴェ、Pur Blanc Saint Peray 2012 Stéphane Robert。マルサンヌ 80、ルーサンヌ 20% の恐ろしく濃厚な、ねとねとグラのワイン。

赤はルバイヤート プティ・ヴェルド 2012 北畑・試験農園収穫。1996 年に初めてこの北畑にプティ・ヴェルドを植え、勝沼での可能性を見いだした。伊勢志摩サミットの際に日本ワインでもてなすため、ワイン担当の田崎さんが日本中のワインを集めた中の一本。当時のオバマ大統領やオランド大統領はもともとほとんどアルコールを飲まないとのことで、グラスに口をつけただけだったが、その分、ドイツの女傑メルケル首相が何杯もお代わりしたというワインだ。ヴィンテージ2012は夏に雨が降らず、入念に選果をして少量だけ仕込んだ年。ワイナリーにも在庫がないという。すみれやカラントの香る上品な濃厚ワイン。トップに少し目立った酸味もすぐにまるく甘く変身した。

次はSavigny-les-Beaune 1er Cru Aux Guettes 2016 Domaine Machard de Gramont。サヴィニーとは思えぬ濃度とボディ。エレガントなピノ。続いてはChambertin-Clos de Bèze 2010 Domaine Faiveley。さすがのフェヴレ。濃厚なだけではなく、気品のある骨格の逸品だ。凡百のシャンベルタンより、質実剛健のクロ・ド・ベーズである。ブルゴーニュが続いたあとのBrunello di Montalcino 2009 Salvioniは、バローロのようにタフなブルネッロ。

さて、Château Brane-Cantenac 1934は私の供出ワイン。レディの年を詮索するのは失礼なので、推定年齢より十分年上のワインを用意した。抜栓は当然のごとく田崎さんにお願いすると、ポケットから例の紅白ラギオールが登場した。コルクは50㎜と長いが、さすがに下半分は割れてしまった。しかし、ひとかけも落とさずにサルベージするところはさすが。リコルクかと尋ねると、「コルクの状態からしておそらくノンリコルクでしょう」とのこと。適当な明かりがなかったので、スマホのライトでデカンタージュ後、すぐにグラスに注ぐ。緑系の入らない、きれいな茜色。熟成のイースト系の香りは全くなし。ひと口目からたっぷりの果実味を楽しめる。これは大当たりボトルだ！

案の定、澱までおいしかった。

Scharzhofberger Auslese 2006 Egon Müller は、主役のご本人からの一本。2006 とは思えないダークアンバー。凝縮度は半端なく、ベーレンアウスレーゼのような印象だ。酸味がいつもより弱めだが、不動の“エゴン味”である。

次は謎のボトルの登場である。Madère Miza Récolte 1845 M.Chapoutier。1980 年のヴィノテーク創業時から社内のセラーに眠っていたワイン。いろいろ調べてもこんな市販品はないので、スタッフの誰かがシャプティエに取材に行ったときにいただいたものだろう。スタッフの誰もが記憶にないワイン。そのまま読むと、1824 年収穫の「テーブル・マデイラ」ということになる。ボトルはシャトーの地下セラーに長期保存していたボトルと同じように、細かく茶色い土が固くこびりついている。エチケットはチープで薄っぺらい紙。真ん中に青いインクで何か書かれているが、ワインクーラーの中で流れてしまって全く読めない。瓶は昔の手吹きヘソ高ボトルだ。瓶底には泥状の紫色の澱がたまっている。コルクは短くボロボロで、何の情報も得られなかった。色調は淡い緑褐色、トップからイースト臭、金属臭が香っている。もろにマデリゼだ。あ、マデイラだったっけ！　角のない爽やかな酸だが、うまみに欠ける。

締めに用意されていたのは Veuve Clicquot La Grande Dame 2006。もちろん「偉大なるマダム」との語呂合わせ

デス。 〈2018.12〉

Chapitre 49

シャトー・カノン1967の裏には

うちの会計士さんが「先生のワインの本の大ファンだという歯科の先生がいて、ぜひ一度ご一緒しませんかと言っています。今度紹介させてください」と言ってきた。聞けば、自宅のワンフロアをワインセラーにしているという。面白そうなのでさっそく話に乗ってみた。牛込神楽坂の「旬」という隠れ家和食での持ち込みワイン会だ。メンバーは、昔TBSにおり、日本人初の宇宙飛行士の候補のひとりにもなった人で、今は先端医療技術研究所を主宰されているという才人に、同研究所の職員の博士、カリスマ歯科医、シャネルの日本法人の幹部など、食べ物つながりの面々である。

昨年11月のこの日のメニューは、鳥取の活松葉ガニの蒸し物から始まった。「境港水揚第二日光丸」という赤いタグが付いている。聞くと、解禁日初日に1杯200万円のご祝儀競値をつけた漁船だそうである。しかも、同じロットの網に入ったカニだ。真子ガレイの薄造りに続いては、活トラフグが登場。なんと4.2kgの大物だ。これを目の前でさばき、てっさ、シャブシャブにしてくれた。締めは、薩摩牛のシャトーブリアン5kgのブロック丸ごとの網焼きである。

ワインは持ち寄りで、エール・ダルジャン1997、シャトー・カノン1967、グリュオ・ラローズ1952、ローザン・セグラ1999。そして、私の持ち込みはポマールである。ネゴシアン名不明、ヴィンテージは1950年代だが詳細不明。ボトルはリエージュタイプだ。オークションで2本セットのロットを落としたのだが、2本並べると高さが全く違うのだ！　一本は2㎝背が高く、瓶底のヘソが4㎝もある。もう一本は背が低く、その分フラットボトムだ。どちらか悩んだ末に、フラットボトムをチョイスした。コルクは下3分の1で折れたが、健全なノンリコルクボトルである。高級居酒屋ながらグラスが1人一脚、デカンタなどはないので手酌で回したが、落ち着いた澱でひと安心。若い果実味が残り、あんずジャムやざくろシロップのような艶やかさがある。ちなみに翌週、残りの背が高い方を千駄ヶ谷の「小熊(シャオション)飯店」での上海ガニの会に持ち込んだが、残念ながらややスキニーで寂しい古酒であった。

そして、シャトー・カノン1967である。ネックには懐かしい「果実酒」のラベルのほかに「J.J. Mortier Bordeaux」のシールが貼られている。ボトルの背を見ると、明治屋の巨大な斜めラベルがあった。「Seuls Agents pour le Japon Société Anonyme MEIDI-YA」という文字が書かれている。「日本販売代理店 有限会社明治屋」というところか。その下には「Tokyo、Yokohama に始まる17の都市名が列記されている。J.J. モルチェは1889年創業のネゴシアンで、シャトー・ラフィット・ロッチルドの流通管理責任者も務めていたらしい。今でもマルゴーやオ・ブリオンなどを扱っている。この大きなバックラベルは最近では見たことがない。持ち込んだTBSの御仁に聞くと、1980年代後半に知人から分けてもらったという。明治屋の支店の数からいうと、おそらくは1975年ごろの取扱品だろうか。

ところで、明治屋の磯野計一さんは、実はヴィノテークにも少なからぬ因縁のある、非常に楽しい方だ。ご生家が桜新町で、長谷川町子先生宅のご近所であり、「磯野カツオのモデルは僕だよ」とおっしゃっていて、磯野カツオの名刺までつくられている。カラオケではなくピアノラウンジで、ジャズヴォーカルの美声を披露するダンディな先輩だ。以前、某所でワインをご一緒した折にお聞きした話では、本誌の創刊当時、有坂芙美子女史に頼まれて3号まで編集を手伝っていたという。さらには販売店を開拓、紹介したらしい。今でも明治屋のワイン売り場では手づくりのPOPとともにヴィノテークが販売されている。ところで、明治屋の表記は「めいじや meiji-ya」ではなく「めいでぃや meidi-ya」です、お間違えのないように！　〈2019.2〉

Seuls Agents pour le Japon
SOCIÉTÉ ANONYME
MEIDI-YA
TOKYO, YOKOHAMA, NAGOYA, KYOTO, OSAKA,
KOBE, OKAYAMA, HIROSHIMA, TAKAMATSU,
FUKUOKA, KITAKYUSYU, NIIGATA, TOYAMA,
KANAZAWA, FUKUI, SENDAI, & SAPPORO

Chapitre 50

ワインのエチケットの「酸性紙問題」

「酸性紙問題」という言葉をご存じだろうか。和紙の紙漉きを経験した方なら分かるだろうが、紙は植物の繊維を水に浮遊させ、それを漉してつくる。コウゾやミツマタ、パピルスのような長い繊維がとれる植物が主に使われてきたが、紙の需要が高まるにつれ製造が追いつかなくなってきた。

1850年代に堅い木材のセルロース繊維からパルプを抽出し、紙をつくる技術が確立された。しかし、この紙は印刷のノリが悪くインクがにじんだため、松ヤニの粉で表面処理しこの問題を解決した。この表面処理の際に使われた「硫酸アルミニウム」が問題なのである。製造後30年くらいたつと、この硫酸アルミニウムが空気中の水分で加水分解し硫酸を生じて紙を酸性にする。その硫酸が紙繊維のセルロースを傷めて紙を劣化させ、50から70年くらいで紙そのものがボロボロに風化してしまうのだ。

これは大量の書籍を長期保存する図書館では深刻な問題である。都立図書館の所蔵資料では現在、特に1940、

1950年代のものの劣化が顕著だという調査結果が出ている。希少本に関しては、空気を遮断する書庫や、酸を中和する塩基性ガスの散布など、いろいろな工夫が試みられているが、一般書籍には救いの手は及ばない。酸性紙の崩壊が社会問題化してきた1970年代に中性や塩基性のにじみ止めを塗布して製造した、中性または塩基性の紙である中性紙が広く用いられ始めた。しかし、コストの関係で今でも文庫本や雑誌、マンガなどは酸性紙が使われ続けている。

私の古酒ならぬ古書コレクションの中の『ブラック・ジャック』第1巻の初版本の奥付を見てみると、「昭和49年5月20日」とある。間もなく50年ではないか！　膨大なマンガの古本が塵になりつつあるのだ！　単行本はまだ色が変わっただけだが、週刊誌の古書は角の方からポロポロが始まっている。

ワインのエチケットも例外ではない。エチケットの劣化といえば、第一にセラーの湿度によるカビ汚染だろう。次にセラーの中で積み上げた際に周りのボトルとこすれ合ってできる物理的な傷である。そして、これからやって来るのが酸性紙問題なのだ。古酒の領域では、50年、100年のエイジングはざらである。いくら中身の保存条件がよくても、酸性紙のエチケットは一定の時間経過とともに劣化していく。

さて、先日1963年生まれの知人の誕生祝いで開けたのは、Château Beychevelle 1963だ。おなじみの「帆を上げよ」の帆船エチケットではない。ネゴシアンボトルである。カサカサと乾いたエチケットには「Livré en Barriques par

Eschénauer」とあり、樽買いのようである。ルイ・エシェノールは現在もボルドーのネゴシアンとして活動している。詳細を調べようとウェブサイトを開こうとしたら、「このサイトはフィッシング詐欺の危険があります」との表示が出てしまった。なので、いつごろまで樽買いをしていたのかは分からなかった。

セラーではボトルごとビニール袋に入れ、輪ゴムでネックを止めていた。レストランで袋から出し、パニエに移して抜栓。しかし、この時点でエチケットは半分になってしまっている。味はもちろん、優雅で美しい味わいのサン・ジュリアンである。果実の酸と熟成の酸のバランスが素晴らしい。食事が終わり主賓の友人がパニエからボトルを取り上げると、カウンターの上にハラハラとエチケットが砕け散った！

友人はそのかけらの中から赤い文字の「1963」というピースを拾い上げ、大事そうに持ち帰った。しかし、翌日にはたぶん、粉末になってしまっていただろう。〈2019.3〉

CHATEAU
EYCHEVELLE
JULIEN
CONTROLE
SCHENAU

Chapitre 51

長命ロゼワイン

桜もちには主にふたつのタイプがある。関西風は蒸し上げた道明寺粉で餡こを包み、桜の葉の塩漬けでくるむ。関東風は小麦粉を水で溶き、薄く伸ばし、焼いて、餡子を包む。代表は向島の長命寺桜もちで、塩漬けの桜の葉3枚で包む。そして、桜の季節にはロゼワインやロゼシャンパーニュのプロモーションが多い。ということで、今回は長命寺桜もちにひっかけ、長命ロゼワインである (^_^;)。なんと、ヴィンテージ1945のTavelだ。

エチケットには「Grand Vin Rosé du Rhône Côte Rotie Bruno Thierry □□ Ampuis」と書かれている。「Bruno Thierry」で検索したら、今でもローヌのロゼを造っているようだ。コート・デュ・ローヌのロゼが見つかったが、「depuis 1985」とあるから別物か。ローヌワイン協会のフランス語のオフィシャルウェブサイトをチェックしたが、タヴェルの生産者48軒の中にこのドメーヌは見つからない。ネックラベルには「Walraven & Sax Hilversum」という記載がある。こちらはアムステルダムの近くにある、今も活動中のワイン商社のようだ。その現在のワインリストにはアンジューやコート・ロティはあるが、タヴェルは扱っていなかった。

さて、タヴェル1945を開けたのはいつもの寿司屋、四谷の「三谷」である。ボトルは透明ではなく、淡い青緑色だ。せっかくのロゼ・カラーが台無しである。ボトル自体は異様に重く、へそも高い。まるでDRCのようなボトルである。キャップシールは白銅で、しっかりしている。三谷では、やっかいなワインを持ち込んだときには自分で抜栓するのがルールなので、寿司をつまむ前に奮闘した。スクリューはしっかりと入り、スムーズに上がってきたが、引き抜いてみると、下5㎜がドーナツ状に残ってしまった。コルクの下部だけが瓶の壁面に固着してしまっていたのだ。鮎を刺す金串を借りて壁面から剥がしていったら、ぽとりと落下してしまった。テイスティングをすると還元気味だったので、デカンタージュをお願いした。

クリスタル1996で乾杯ののち、根室の紫ウニに合わせるのはリューセック2007！　ウニのあとにソーテルヌを含むと、生牡蠣のような濃厚な甘みが広がる。ルフレーヴのピュセル1996には松輪サバの瞬間燻製。余分な脂をさらして絞った大トロに合わせるのは、コント・ラフォンのムルソー・ペリエール2005。ただこれは、残念ながら軽いブショネであった。

そして、炙りたてのカツオに合わせてタヴェルの登場だ。色調はあせ気味の桜色かと思いきや、デカンタに収まったワインはなんとも鮮やかな紅色だ。まるで若い「カリピノ」

を思わせる。まさか、赤ワインのはずはない。香りはさくらんぼうジャム、干しイチジク、粉砂糖と濃厚系である。しかし、味わいは柔らかく、優しい酸とうまみが押し寄せる。この懐かしさ、確かどこかで…… そうだ！　お正月の大福茶だ。結び昆布と小梅にほうじ茶や煎茶をかけた、正月の縁起物である。

時間とともに、タヴェルの色調は淡く褐色気味になっていったが、味は逆にどんどん濃く、若くなっていった。この日は静岡産「ハルキャビア」アンバサダーのＭさんが同席、貴重な国産キャヴィアを差し入れてくれた。キャヴィアの濃厚さにもタヴェル・ロゼは全く動ぜず。キャヴィアフィッシュの造りは鯉の洗いのような味わいであったが、これをも受け止めてくれた。

店主の三谷康彦さんはサンテミリオンのアンジェリュスのオーナーとも親交があり、蔵出しの1986が焼き穴子に合わせてサーヴされたが、これはワインがちょっと勝ちすぎであった。ワイン以外では、高木酒造「十四代」の「龍月」「龍の落とし子」、鈴木酒造店の「秀よし 大吟醸古酒 天馬空を駆ける」など入手困難な日本酒が４種出てきたが、これらはもちろん、寿司との相性はテッパンであった。

タヴェルは紀元前からワインを造っていたといわれる古い土壌で、物の本には「長熟なものは10から15年も熟成する」と書かれている。74年を経てここまで熟成するとは、物の本でも、お釈迦様でもご存じあるめえ！

〈2019.4〉

HILVERSUM
1945
"TAVEL"
GRAND VIN ROSE DU RHONE
COTE ROTIE

Chapitre 52

実力派ネゴシアン

大阪では、串かつと串揚げには厳然たる相違がある。串かつ店は一本50円から100円の「ソース二度づけ禁止」の店のこと。串揚げ店はいろいろな食材をお任せでどんどん揚げてくれて、5種類くらいのソースにつけて食べる高級店のことなのである。

串揚げ店では、お初天神の知留久をはじめとして、六覺燈、五味八珍、串の坊などが有名だ。私は35年前に義父に連れて行ってもらってから知留久一辺倒だった。しかし、東京に引っ越してからは関東支店のある五味八珍や串の坊に通っていた。銀座の交詢ビルに六覺燈が出店してからは、ここ一本であった。何より大阪の黒門本店からやって来た店主の水野幾郎さんがワイン好きで、串揚げを食べる暇がないくらいにワイン談義に花が咲く。水野さんはワイン好きが高じてインポーターまで興してしまった。だが、東京に進出して数年後、大阪のなじみ客から「いつになったら帰ってくるんや？」と突っつかれ、東京店を弟子に任せて大阪に帰ってしまった。その後、私にはなかなか黒門本店を訪問する機会がなく、悶々としていたが、先日やっと訪れることができた。

大阪に戻るといつも一緒に飲む大阪大学工学部醗酵工学科（当時）時代の同級生を誘い、夕暮れ時の黒門市場を訪れた。この友人は同級生だが浪人生なので、私より年上の1952年生まれである。そこで、ヴィンテージ1952のワインを一カ月前に店に送らせてもらった。水野さんは最近忙しくたまにしか店に出ないとのことであったが、その日はちゃんとカウンターの中で笑顔を見せてくれた。

まずは店のシャンパーニュをグラスで。Bruno Paillard N.P.U.1999。ノンドゼはドライすぎて苦手だが、ブルーノ・パイヤール・ネック・プリュ・ウルトラのボトルはきれいな熟成で好みの味になっていた。続いては、私の用意したラフィットのセカンドの1952である。最近のボトルは「Carruades de Lafite」としか書かれていないが、このボトルの表記は「Carruades Château Lafite Rothschild 1952」だ。「RAOUL BORDAS」というフロンサックのネゴシアンのエチケットが貼られている。早速、水野さんが見事な手技で抜栓してくれた。デカンタに移しグラスに注がれると、それだけでカウンターに馥郁たる香りが広がる。紫の残るクリアな茜色で、プルーンではなく、まだブラックチェリーの香りがする。柔らかな酸と、チャーミングな甘みの見事なバランス。ラフィットのエチケットが貼られていても不思議はない味だ。

20世紀初頭まではボルドーのシャトーは独自の販路をもたなかったため、ボルドーのネゴシアンにワインを樽売りしていた。そのため、優良ネゴシアンによる「バレル・セレクション」で品質が上がったり、悪徳ネゴシアンによる「水増しワイン」が横行したりと、玉石混淆であった。最初にシャトー元詰めを始めたのは、ムートンのバロン・フィリップ・ロッチルドといわれている。1902年ごろに一部の顧客のリクエストで始め、1924年には一級シャトーとともに元詰めに移行したそうだ。片や、ラフィットは19世紀中ごろから元詰めを始めており、1920年代からはパリのニコラやオランダの大手ネゴシアン(マーラー・ベッセやヴァン・ダー・ミューレンなど)と良好な関係を続けていたようだ。そのせいか、1960年代ごろまでのネゴシアンボトルが今も流通している。

さて、ボトルが空になったころに、店主からサプライズプレゼントが！　なんとマルゴーである。Château Margaux 1944はシャトー元詰めで、取り扱いは「NATHL JOHNSTON & FILS」とある。マルゴーらしさはないが、小さい年とは思えないタフな古酒で、完熟ボルドーであった。思えば、第二次世界大戦のパリ解放が1944年8月25日だから、そのころの太陽の日差しで熟した葡萄である。まさに時代を飲んでいる味がした。帰りがけに水野さんが「次はこれを飲みましょう！」と見せてくれたのは、パリスの審判で知られるClos du Val Zinfandel 1972であった。次の大阪行きが待ち遠しい。　〈2019.5〉

1952
RAOUL BORDAS
GRAND VIN
1944
GRAND CRU
FRANCE
Expédié par
JOHNSTON & FILS
BORDEAUX

Chapitre 53

古き恋人

SNSでのつながりの功罪が近ごろ、あれこれとかまびすしい。かくいう私も先日、フェイスブックの「友人の友人」として、面白い御仁と知り合いになった。

事の始めは、私の友人のジュエリーデザイナーの女性が香港で知人のプライヴェートキッチンに誘われたときの投稿だ。その料理の写真に私が「いいね！」を付けたことから、そのプライヴェートハウスのオーナーの孫であるリチャードと友達としてつながった。メッセンジャー上のやり取りでブルゴーニュワイン騎士団のメンバー同士であることが分かり（彼は香港支部)、オンラインでの「パンブルギニヨン」の交換をしたりしていた。先日、リチャードが奥さんを連れて来日するというので、間に入ったジュエリーデザイナーが銀座ランチをセットしてくれたのだ。場所は若林英司ソムリエで有名なエスキスである。初対面のリチャードはまだ40歳前のビジネスマンで、香港とニューヨークで金融ファンドのマネジャーをしている。

さて、私が用意したワインは戦前のレザムルーズである。

Chambolle-Musigny Les Amoureuses　Réserve des Caves de la Reine Pédauque 1934。カーヴ・ド・ラ・レーヌ・ペドークはアロッス・コルトンのネゴシアンだ。エチケットには肉の塊をたき火で焼くシェフの姿が描かれ、その煙がまるでハートマークのように見えるのは気のせいか。イラストの周りにはフランス語の詩が綴られている。適当に訳してみると、「完璧なワインには甘美さと、あまたの享楽をもたらす魅惑がある。ワインを飲むときには神が前に立たれ、美女はそばにたたずみ、われらはひざまずくのみ」といった感じか。戦前のノンリコルクボトルであり、若林さんも少し苦労されたようだが、無事抜栓できた。

ハンドキャリーのためややクラウディだったが、あまり枯れていない赤紫色で、この時点ですでにテーブルじゅうにチャーミングな酸の香りがあふれていた。ひと口目から落ち着いたバランスで、エレメントの突出はない。香りの爆発もなかったが、2杯目もへこたれず美しい熟成を楽しませてくれた。後半は、復活した酸味に相応する果実の柔らかい香りも立ち上がってきた。シェフのリオネル・ベカがつくるジャポネ・フランセの皿にもぴったりと寄り添ってくれた。

さて、3時すぎまでのんびりランチを楽しんで、香港での再会を約束。別れ際にこのあとの予定を聞くと、「夕方6時から紀尾井町 三谷で十四代（高木酒造）の社長、高木顕統さんを囲む会に出席する」と言う。なんとも頼もしい健啖家だ。リチャードは私以上の食い意地で、年に何度も寿司など和食を食べるためだけに来日している。リチャードの祖父が趣味で開いている中環の「9號軟庫飯堂」は一日1卓だけの広東料理店で、ビジネス街の雑居ビルのワンフロアにひっそり隠れているという。香港や台湾の旧世代のセレブたちは、レストランで気に入った料理人を見つけると、引き抜いて自分のプライヴェートキッチンのシェフにしてしまう。普段、店は開店休業状態で、オーナーとその知人たちの気が向いたときにだけ営業するというのだ。彼らはワインに関してもコニサーで、親の代からのDRCやトップ・ボルドーのコレクションを所有している。昨今サザビーズやアッカー・メラルのオークションワインの値を釣り上げているIT成金とは違い、成熟した大人のワインラヴァーといえよう。翌日、「昨日の昔のレザムルーズはいかがでした？」とリチャードにメールをすると、「おじいちゃんとおばあちゃんが優しくキスをする古いモノクロ写真」が返事として送られてきた。　〈2019.6〉

1934
PRODUCE
OF FRANCE
Chambolle-Musigny
LES AMOUREUSES
APPELLATION CONTROLÉE
RÉSERVE DES CAVES DE LA REINE PÉDAUQUE
NÉGOCIANT A ALOXE-CORTON

Chapitre 54

バタール1959

日本一予約の取れない餃子屋をご存じだろうか。それは、銀座でもなく西麻布でもなく、なんと荻窪の外れにある。店の目印はメルセデス・ベンツの軍用車両「ウニモグ」である。名前は蔓餃苑、そう、パラダイス山元さんの店だ。彼は本業のラテンパーカッショニストのほかに、「マン盆栽」「リモワ・コレクター」「脚立評論家」「入浴剤ソムリエ」、さらにはアジア人初の「グリーンランド国際サンタクロース協会の公認サンタクロース」というマルチタレントである。趣味が高じて、会員制で不定期営業の餃子専門店をオープンさせたのだ。

店内はサンタの人形とリモワのスーツケースだらけ。客席は6席。しかも、提供されるのは20種余の餃子ばかり。中には「ワラスボ餃子」「オマール餃子」「ししゃも餃子」「モツアン餃子（モッツァレッラとこし餡）」もある。今回は店主に無理を頼み込み、わが家に出張していただいた。

用意したワインは、フルーリーのブラン・ド・ブラン2004のマグナムに始まり、Clos de la Coulée de Serrant

1985, Batard Montrachet L. Bouillon M. Rossin 1959, Pommard Maison Javouhey 1959, Château St. georges Macquin Saint-Georges Saint-Émilion Francois Corre 1959, Barolo Vigneti Tenuta Canubio G. Damilano 1954であった。すべて抜栓し、グラスを並べ、豚、羊、雲丹、海老、栄螺などの餃子に各自で合わせてもらった。

今回のメインはバタールである。このワインは5年前にスイスのオークションで、3本180€という格安価格にて落札。液面は4〜8㎝で、今回開けたのが一番液面の低いボトルである。ノンリコルクのコルクはうっすらと緑がかったエイジングだ。色調は灰緑で、あまりおいしそうではない。トップに真鍮のような還元香が目立つ。ひと口目は金属っぽい渋みがあり不安がよぎったが、徐々に濃厚な果実がよみがえる。洋梨のコンポートやクチナシの花の香りが復活し、そのあとはアモンティリャードの風合いが出てきた。ワインとしてはダウンヒルだが、餃子とはベストマッチである。

そういえば以前、埼玉の酒販店、中田屋さんからワイン会のお誘いがあった。バタール・モンラッシェばかりを1945から2001まで、縦飲みしようというのである。場所は広尾のアラジン！　大好きな川崎誠也シェフの店だ。

古いワインリストを見てみると、バタールがPhilippe Brenot 2001、Louis Jadot 1995、Etienne Sauzet 1987、Chanson Père et Fils 1945。そして、Leflaiveのシュヴァリエ1984を挟んで、クリオ・バタールがEdmond Delagrange 1964とChanson Père et Fils 1945である。

1987のソゼがイメージされるスタンダードなバタールの味で、これを基準として比較した。

1945のシャンソン・ペール・エ・フィスのバタールとクリオ・バタールはともに枯れ気味のニュアンスながらも、時間とともに黄昏の踏ん張りを見せてくれた。しかし、もっと早く飲んであげたかったというのが正直な感想だった。ムルソーやコルトン・シャルルマーニュのように、60年、70年という大熟成には向いていないようだ。　〈2019.7〉

1959
1959
CONTROLEE
ESTATE BOTTLED
BORDEAUX
Maison JAVOUHEY

Chapitre 55

萌えクレマン

モエ・エ・シャンドン Moët & Chandon のクレマン・ドゥミ・セック Crémant Demi-Sec、「古酒礼賛」でベリー・ブラザーズ & ラッドのマスター・オブ・ワインに鑑定してもらった、ノン・ヴィンテージだが 1980 年代以前のボトルというものだ。

クレマンは「シャンパーニュ以外の地域にて、メトッド・シャンプノワーズにて造られたスパークリングワイン」というのが現在の定義であり、シャンパーニュでは名乗られない。ブルゴーニュやアルザスなど 7 つの産地が 1975 年にクレマンの AOC を取得したことを考えると、シャンパーニュ地方でクレマン表示をしていたのはそれ以前のはずである。バックラベルにはブリュッセルの「S. A. Fourcroy」というワイン商の名前が入っている。

このボトルを持ち込んだのは麻布十番の人気てんぷら屋「たきや」である。瓶底の澱は見られない。時代がかったキャップシールを外すと、ミュズレは 1960 年代の雰囲気のオレンジ一色、「moetchandon」の文字がプリントではなく打ち抜かれている。ワイヤーはさびだらけだが、折れずに取り除けた。コルクは回すだけで音もなく抜ける。黙っていてもフルートグラスではなくブルゴーニュグラスに注いでくれるあたりは「できる店」である。赤銅色がかったオレンジ色で、濁りは全くない。もちろん泡も全くない。べっ甲あめ、ドライマンゴー、陳皮の香りに、ブリオッシュとバターが混じる。この組み合わせは、そう、「フレンチトーストのオレンジコンフィ添え」ですよ、まさに！

ひと口含むと、柔らかいが骨太の酸と、ねっとりと凝縮した果実の糖度が心地よい。舌の先にはわずかに炭酸ガスの刺激が残る。心配した還元香やイースト香は全くなく、極上のベーレンアウスレーゼのニュアンスである。店主にも振る舞ったが、「こういう甘口の方がてんぷらの油に合いますよね」との仰せだ。ワインやシャンパーニュが苦手なバチコ、もずくとも仲良く付き合ってくれた。驚きは初夏のお約束、「琵琶湖の泳ぎ稚鮎のてんぷら」だ。鮎の腸の苦み、爽やかさ、香りをバッチリ受け止めて舌をリセットしてくれた。ボトルの底までいっても、酸がダレることなく、えぐみも出てこなかった。一本完飲した印象では、1960年代中ごろのボトルであろう。

近年はなぜか「泡は辛口」というのがブームなようで、ノン・ドザージュやブリュット・ナチュールなどが大人気らしい。しかもブラン・ド・ブランがもてはやされる。私は「一杯目から、泡よりは白ワイン」派なのでセックっぽい泡か、ブラン・ド・ノワールが好みである。泡のあまり強いのも苦手で、「パンジェラ」という「泡消しシャンパンマドラー」を使うこともある。

現行の甘口シャンパーニュには、ドゥミ・セックではモエのアイス・アンペリアル、ヴーヴ・クリコのホワイトラベル、ルイ・ロドレールのカルト・ブランシュなどがある。セックとなると、モエのネクターくらいであろうか。リクール・デクスペディシオンが1ℓあたり50gのドゥーとなると、もはやほとんど見ることができない。50gというと蜂蜜のような印象だが、コーラの糖度は11.3%、つまり1ℓあたり113gとなる。“ウルトラ・ブリュット”ならぬ、“ウルトラ・ドゥー”である。酸がしっかりしていさえすればこんな超アマでも世界を席巻できるのだから、やっぱりワインにとって酸の力は偉大です　〈2019.8〉

Chapitre 56

ブシャール翁の思い出

また、ちょっと面白いワインを入手。ブルゴーニュの白ワインのヴィンテージ1950である。造り手はブシャール・ペール・エ・フィス、ワインはシャブリACとムルソーACだ。バックラベルにはミシェル・フォーヴァルクMichel Fauvarqueというブリュッセルのネゴシアンの名前があった。2本ともノンリコルクである。

まずはシャブリから挑戦。持ち込んだのは、中目黒の中国料理店「ジャスミン憶江南（イージャンナン）」である。揚州料理の幻のメニュー「三套鴨（サンタオヤー）」と合わせるワイン会だ。揚州は南船北馬の時代の中国を南北に結ぶ大運河の真ん中辺りに栄えた町で、塩商人の大豪邸が今でも残る。有名な「満漢全席」は北京の名物と思われがちだが、実は揚州の豪商が中国全土から料理人を集めて始めたのがルーツだといわれている。

三套鴨は、おしりではなく首に開けた小さな穴からすべての内臓と骨を取り出した家鴨と野鴨と鳩を用意し、家鴨の中に野鴨、野鴨の中に鳩を押し込み、上湯で煮込んだ超絶技巧のマトリョーシカ料理である。現在日本でこの料理をつくることができるのは、この店の揚州出身の呉 林シェフだけだという。現地・揚州にはこの内臓と骨をいかに早く取り出すかのコンテストがあるらしい。数時間煮込んだこの鳥類のマトリョーシカから染み出たスープは絶品だ。しかし、外套の家鴨を崩すとスープの味が変化、さらに中外套の野鴨を崩すとまた味が変わる。鳩も含めて 4 回味が変わるスープなのだ。

用意したワインは「シャブリ 3 代」と題して、「4 年目、33 年目、69 年目」と「親、子、孫」の変化を楽しむもの。J. Moreau Chablis 2015 は若くて平凡、Domaine de la Maladière Chablis 1er Cru Vaillons 1986 は褐色が強く過熟気味ながらも果実がまるくなり、熟成の酸が中国料理にぴったり。そして、Bouchard Père & Fils 1950 の出番だ。緑褐色ながらもアルマセニスタのきれいなシェリー香で踏ん張り、ランシオまではいっていない。時間がたっても古いシャルドネにありがちな苦み、渋みが出ておらず、大当たりであった。

ムルソーには日を改めてトライした。場所は今年、銀座 8 丁目から 7 丁目に移転したミシュラン三つ星店「鮨よしたけ」である。ソムリエ氏に抜栓とデカンタージュをお願いした。こちらは予想以上に若くまだ金色の残る麦わらの色調で、マンゴスチンの香りも残る。柔らかい熟成の酸味が前半のおつまみに大健闘。海鼠腸（このわた）とあん肝だけには微妙だったが。寿司が始まる前に飲みきってしまったので、実は寿司とのマリアージュはわからずじまい。しかし、見事な“ブル白”の教科書的な古酒であった。シャブリとムルソーの違いはほとんどなくなっており、残ったのはシャルドネの優等生的な落ち着きであった。

ブシャール・ペール・エ・フィスは自社畑のランファン・ジェジュが有名で、ネゴシアン物は印象が薄いが、ヘリテージ物は素晴らしいものが多い。ブシャール・ペール・エ・フィスで思い出すのは、2005年にブルゴーニュワイン騎士団の叙勲を受けたときの、クロ・ド・ヴージョ城での晩餐会である。同伴した少食の家内は、アミューズのハムとアスパラガスの盛りの多さにびっくり。前菜の川鱒のクネルをなんとか押し込んだものの、その次のウフ・ブルギニヨン3個盛りでダウンしてしまった。隣の席の好々爺から「どうしたんだ？ こんなにおいしいのに食欲がないのか。体調が悪いのか」と、気遣いをいただいた。実はこれこれと話すと「ふーん、少食なんだね」と、それをきっかけに話が弾んだ。「明日、セラーに遊びにおいで！」と言っていただいた。どうやらブシャール一族の方だったよう。1950というと、あのおじいちゃんが仕込んだワインかも。そう思うと感慨もひとしおで、おいしく飲めただけでも大感激であったのだ。

〈2019.10〉

REGISTERED TRADE MARK
BOUCHARD PÈRE
NÉGOCIANTS A BEAUNE
CHABLIS
1950
APPELLATION CONTROLÉE

REGISTERED TRADE MARK
PÈRE
A BEAUNE
MEURSAULT
1950
APPELLATION CONTROLÉE

Chapitre 57

シャトー・シオラック1937

新橋「京味」の西健一郎さんが7月、81歳にてご逝去された。東京での京料理の頂点であり、重鎮であった。30年前に知人の接待で招かれたのが初体験だった。カウンターの上の銘名提灯には、小泉純一郎、ジャニー喜多川、長嶋茂雄、見城徹、12代目市川團十郎など、各界のまばゆい名前が並んでいた。当時は自分にはまだ早い、敷居が高すぎると思い、再訪を諦めていたが、青木や井雪、くろぎなどの弟子筋の店には時折、顔を出していた。京味を再訪問したのは実に15年後であった。異業種の先輩が常連と聞き、同行を請うたのだった。

西さんにきちんと紹介していただき、定期的にカウンターの席を用意してもらえるようになり、その先輩の信用のおかげで支払いもツケが利くようになった。西さん本人が鍋を振った特製焼き飯をいただいたこともある。パワフルで個性の強い西さんから、昔の京料理の話、修業時代の思い出（三条辺りの鴨川へゴリを捕まえに行ったとか）、毎年の丹波松茸の仕入れの苦労など、楽しい話をたくさん聞かせてもらった。一番印象に残っているのは「お客さんの名前なんてあんまり覚えられまへん。『社長、先生、旦那さん』この3つでなんとかなりまっせ」という強烈なひと言である。

亡くなってしばらくして営業を再開したというので、2カ月ぶりに訪問した。お酒を全く飲まない西さんだったが、せっかくなので生まれ年のワインを献杯に持参した。Château Siaurac 1937である。エチケットに「1er Cru Néac」と書かれている。ネゴシアンは「Jean Cheil Negociant Moulis en Médoc」だ。液面はミッドショルダー、ノンリコルクである。

コルクは案の定、ぼろぼろ。念のため「古酒抜栓セット」を持ってきておいてよかった。デカンタに注ぐと、色調は深い海老茶と紫紺、トップの香りは本枯れ節、鉛筆削りなど。ひと口目は苦みがあり、冷たい酸味が支配している。2杯目になってもまだ閉じたまま。抜栓1時間でやっと甘みが戻り始め、骨格も締まり始めてくる。きめの細かいメルロのタッチが頭をもたげ、ポムロールらしさが目覚めてきた。

シャトー・シオラックのウェブサイトによると、セパージュはメルロ75%が主体で、カベルネ・フラン20、マルベック5%とある。頑固な骨格はマルベックのおかげか……。現行ヴィンテージは3000円弱の廉価ワインだが、このボトルの時代にはネアックとしての矜持(きょうじ)があったのだろう。

ラランド・ド・ポムロールはポムロールの衛星地区で、1936年にAOC指定された。ラランド・ド・ポムロール村とネアック村からなっている。ネアック村のワインは「ネアック」という呼称も「ラランド・ド・ポムロール」という呼称も選べるが、ラランド・ド・ポムロール村のワインは「ネアック」とは名乗れない。つまり、AOC 制定当時はネアックの方が、評価が高かったのだろう。ところが、1970 年代にムエックスがペトリュスを復興し、クリスチャン・ムエックスの友人でパリ 7 区のヴェトナム料理店「タン・ディン」のオーナーのロベール・ヴィフィアンがその魅力を世界中に紹介すると、ポムロールの人気はうなぎ上りになった。ラランド・ド・ポムロール村のワインがポムロールっぽい印象で値上がりすると、ネアック村もそのブームに乗ってネアック AC の名前を捨て、ラランド・ド・ポムロール AC 表記のワインばかりになってしまい、今ではネアックの名前は歴史に埋没してしまった。

食事が終わり、デカンタの半分を女将とスタッフに差し上げたら、「帰って仏前に供えます」とのことであった。合掌。

〈2019.11〉

1937
Jean Theil
NÉGOCIANT
MOULIS-EN-MÉDOC

Chapitre 58

史上最安ワイン♪1円

古酒の仕入れのために、あちこちのオークションにアラートを設定してある。先日、楽天オークションのアラートに引っかかったのは「♪１円～古酒鑑賞用～ルロワ～サン・ロマン83年～」という出品。商品説明には「ルロワのサン・ロマン83年です。飲むことは難しいと思いますので、鑑賞用にしてください。ディスプレイ用にいかがでしょうか^_^？　購入後、セラーで管理していますが、あくまで本品は二次流通品という前提と、ワインという性質上ノークレーム、ノーリターンでお願いします」とあった。

画像は薄茶色の色調で、液面２㎝、エチケットはかなりエッジが酸化している。果実酒のネックラベルがあり、バックラベルは髙島屋のものだ。サン・ロマンには赤と白があるが、赤ワインか白ワインかの情報はない。見た目はかなり怪しく、限りない危険さをまとっている。

ダメ元で500円のビットを入れておいたら、なんと１円で落札してしまった！　０円だと購入ではなくギフトなので、１円は史上最安値と考えてもよいだろう。1200円の送料込みで1201円を送金し、送られてきたのは「赤くなった白ワイン」よりは「白くなった赤ワイン」の印象である。澱は少量でわりと硬く固まっている。

ひとりで開けるのは面白くないし、普通の人に飲ませるのは申し訳ないから、ヴェテランワインラヴァーの会に持参した。中目黒の「胡桃茶家」というモダン中華料理店に集まったのは、ワインと食のマーケッターのMWさんやヴィノテークのSY、消化器内科のISドクターなど6人である。この日はちょうど静岡の「ハルキャビア」の今年の解禁日、そのアンバサダーも務めるMWさんに手配してもらった「採卵後一週間」のフレッシュ・キャヴィアひと瓶ずつからスタートした。

ワインは持ち寄り、最初のシャンパーニュはボワゼルのマグナムボトルである。続いて、エゴン・ミュラーのシャルツホーフベルガー・アウスレーゼ2005。そして、永昌源の陳年15年紹興酒までグラスを並べた。キャヴィアにシャンパーニュは鉄板だが、アウスレーゼが予想外のマッチングであった。

店のスペシャリテ「十種十彩 小さな前菜の盛り合わせ」のところでルロワのサン・ロマン1983を抜栓してもらった。コルクはふたつに折れたが、しっとりと健全である。グラスに鼻を近づけるとなんの香りもしない。色は灰緑色のエッジを伴った金茶色。ひと口目は「あれ？　水？」で、苦みと薄っぺらい甘みのみで果実のかけらもない。がんがん振り回すと、酸味だけが起き上がってきた。やっぱり駄目かなーと思っていたら、続いて供された酔っ払いガニと合わせると、なんとボディがよみがえってきたではないか！　このあたりで、最初は首をかしげていた皆さんから「びっくり！　おいしい！」との声が上がり始めた。ボトルの底をグラスに移すと、黒っぽく細かい澱だけで、タンニンの結晶は見られない。やはり、赤くなった白ワインのようだ。カニ味噌の小籠包が出されるころには甘みも出始めるが、鉄さび臭さも伴い始めた。これでタイムアウト！

5番手のワインは、先の「即位礼正殿の儀」の際、安倍首相夫妻主催の晩餐会で供され話題になったアルガブランカ イセハラのヴィンテージ違いで、こちらは2014。やがてそれも空になり、ルロワが駄目になっていたときのバックアップに用意していたロベール・アジェーンのボーヌ・レザヴォー1966を勢いで開けてしまった。グラスに注いだ途端、クラクラするような濃厚な果実が爆発。胸を躍らせ口に含むと、あれ？　上あごに言いようがないほど不快な苦みが直撃してきた。しかし、デカンティングのおかげで10分もすると、甘みと果実味が復活。蒸しガニのグリシンの甘みとマッチし、古酒の極みである。

最後に、出席者にルロワ・サン・ロマン1983を一本いくらで入手したと思うか聞いてみた。

回答は8500、50000、8000、13000、そして3000円（これは私の妻の回答。私の購入パターンをよく承知している）。正解を発表すると、驚愕の声が店中に響き渡った。「私も1円オークションを探してみよう！」と言う人もいたが、昔話の『こぶとりじいさん』と同じで、安易にまねをすると、やけどしますよ！

〈2019.12〉

果実酒
1983
Saint-Romain
Appellation Contrôlée
Mis en bouteille par
PRODUCT OF FRANCE

Chapitre 59

Barone 1954

私は1954年生まれである。ご存じのように、ワインのヴィンテージとしてはあまりよい年ではない。1953と1955というビッグヴィンテージに挟まれ、今ではたいていのヴィンテージチャートから削除されてしまっている。流通しているワインもどんどんなくなってきた。オークションで見かけたら、どんなワインでもとりあえずビットを入れるようにしている。

そこに今回引っかかったのは「バローネ」である。バローロではない。もちろん、ドクター・バロレでもない。届いたワインのエチケットには「Il Barone 54 Cantine ANTONIO FERRARI Solaria n.5」と書かれている。ボトルが細めなので500㎖容量かと思ったが、「16% 75cℓ」とあるので通常瓶だ。裏ラベルには「Vino Rosso da Tavola」と書かれ、「401/04」という手書きの文字があった。401本瓶詰めしたうちの4番目ということだろうか（分子と分母が逆だが）。「Galliate-ITALIA」という地名もある（ミラノ近郊のようだ）。能書きによると、プリミティーヴォ100

％のアマローネらしい。この年はあまりの猛暑で葡萄の実が枝についたままレチョート（乾燥、凝縮）してしまったという。

キャップシールはプラスチックで新しい。コルクは白く若い。刻印には紋章と「VINI FERRARI」という焼き印があった。

ワインの色調はヨードチンキからプルーンジュース。香りはスチュードプラム、山査子（さんざし）、ドライいちじく、ヴィンテージポート。アルコールのアタックは強くない。ひと口目から濃厚な、しかし角のないボディが頼もしい。酒精強化酒のような、あざとい甘みはなく、クインタレッリの古酒のような品位も見られる。しかし、ボディの裏の苦みが気になる。還元によるものではなく、ドライ濃縮由来のような気がするが。自宅で開けたのだが、妻のつくる豚のラグーとレンコン、トマトのパスタや、リーキのコンソメ煮に意外な相性を見せてくれた。

この手のオーヴァー・フルボディのワインは、2日目、3日目が面白い。キーパーではなくボトルにコルクを挿しただけで、常温保存してみた。翌日にはさらにスムーズになり、苦みも消えてきている。3日目になるとボディが痩せ始めたが、キャラクターはしっかり残っている。4日目はというと……3日で飲みきってしまったので検証できず、でした。ボトルの底に澱はほとんど見られなかった。

ワインについていろいろ調べてみると、アントニオ・フェッラーリが最高のヴェンデミア（収穫）にだけ造ったワインであり、今までに1949、1954、1959、1978と、

50年で4回しか造られていない。「金に困っても決して手を出さずに、置いておくように」というオーナーの遺言を守り、タンクで熟成を重ねてきた。アントニオの娘が半世紀近く経たあとに瓶詰めし、2000年以降にリリースしたようだ。それでコルクが新しく、澱がないのだろう。

面白いことに、1949のボトルのエチケットは「Il 49 di Antonio Ferrari」となっており、バローネの名前はなかった。さらに、1959のボトルのエチケットは「Soralia Jonica」となり、ローマ神殿のイオニア風の石柱が描かれている。この1959は、実はうちのセラーにあるのだが、今まで全く別のワインだと思っていた。今ではこのカンティーナはなくなっているようだ。旅行口コミサイト「トリップアドバイザー」では「Antonio Ferrari - Storie Di Cibo E Di Vino」というパドヴァのトラットリアが見つかった。北イタリアつながりで、親類が営んでいるのかもしれない。

〈2020.2〉

Chapitre 60

ティエンポン家のブルゴーニュ

今回、ヨーロッパのオークションで入手したワインはサントネ 1959 である。しかも白ワインだ。エチケットには「Grand Vin Blanc de Bourgogne Santenay Cépage Pinot Blanc」と書かれている。シャルドネではなく、ピノ・ブランという書き方が面白い。

サントネ AC の作付面積はピノ・ノワール 80、シャルドネ 20% であり、白ワインはわりと珍しい。造り手は「Georges Thienpont Etichove」とある。エティクホーフェとは、オランダ語で「ネゴシアン」のことらしい。1842 年設立とも書かれている。つまりティエンポンという老舗のネゴシアンワインである。えっ？ どこかで聞いた名前だ。確かボルドーの、そう！ ル・パンのオーナーの名前ではないか！ これはがぜん、興味が湧いてきたぞ。

このワインを開けたのは、いつもわがままを聞いてもらっている三つ星寿司店、銀座の「よしたけ」である。ボトルの液面は 3 ㎝と高い。エチケットは一度剥がれて、ずれて、少し斜めになっている。紙質は適度に酸化しており、年代相応だ。キャップシールは青銅で「Thienpont」の文字が入っていた。コルクは意外としっかりしている。瓶底には灰色の細かい澱が積もっていた。

キアンティグラスに注ぐと、色合いは灰緑色の麦わら。枯れ葉の香り。ひと口目から果物の缶詰系の渋みがなく、果実のキャラクターもしっかりしている。熟成しているのに背筋の通った若い骨格である。3杯目あたりで痩せてきて苦みと酸が立つと思いきや、どんどんおいしくなってきた。一本でお任せ寿司コースの最後まで通したが、瓶底まで楽しめた。澱は細かい黒い粉状のものだけで、酒石酸はない。瓶は台形のへそで、瓶底は10㎜くらいの厚みがあり、異常に重い。

ティエンポンの公式ウェブサイトによると、ティエンポン家はベルギー出身の家系で、1842年からワイン商としてワインの販売業を始めた（創業年はボトルと一致している）。1924年、初代ジョルジュ・ティエンポン（1881-1960）がヴュー・シャトー・セルタンを購入し、ボルドーに進出を果たした。その後、同じく所有していたシャトー・トロロン・モンドを1930年に世界恐慌を乗り切るため売却している。

このサントネは初代が扱っていたワインだろうか。家系図を見ると、ジョルジュの息子に同名の長男（1916-1997）がいる。しかし、この2代目ジョルジュのスペルは「George」で、初代と違って最後の「s」がないから、やはり初代のワインなのだろう。ちなみに、2代目ジョルジュの娘のフランソワは現在、ヴュー・シャトー・セルタンの共同オーナーである。ル・パンは初代の次男のマルセルの息子ジャックと、三男のレオンの息子アレクサンドルが共同所有している。

ウェブサイトはボルドー関連の記事ばかりで、ブルゴーニュについての記載はない。しかし、サイトの片隅にネゴシアン時代のエチケットの写真を見つけた。「Handel in Fijne Wijnen Georges Thienpont Etichove Bij Audenaarde」と書かれている。その記載の下にオランダの町中と思わしき屋敷のモノクロ写真がある。なんとそれは、サントネ1959のエチケットに描かれている屋敷と全く同じであった。これで初代ジョルジュが扱ったティエンポン家のワインに間違いないことになる。というわけで、ル・パン一族のブルゴーニュワインで盛り上がった一夜であった。

〈2020.3〉

Chapitre 61

ブルゴーニュのセミヨン？

ティエンポンのサントネに続いて、今回はオークションでセット購入したもう一本のネゴシアン・ティエンポンのワインの話である。

サントネの黄色いキャップシールには「THIENPONT」の文字が入っていたが、このボトルは白いキャップシールに葡萄の絵だけがある。白地のエチケットには赤い文字で「□ N BLANC DE BLANCS 1959 CEPAGES N □ BLES SAUVIGNON & SÉMILLON SÉLE □ TION GEORGES THIENPONT」と書かれている。エチケットの左端が1cm近くちぎれてなくなっており、「N」の文字だけが見える。おそらくは「VIN」の一部であろう。AOCの表示はない。セレクシオンと書かれているので、ネゴシアンとして選び、買いつけたワインだろう。ノ□ブルとあるのは貴腐ワインだからか、単に高貴品種を示しているのか。しかし、ブルゴーニュボトルに入っているのが解せない。

こちらのボトルは、麻布十番の人気天ぷら屋たきやに持ち込ませてもらった。コルクは軟らかくグズグズだが、なんとか抜栓できた。コルクにインフォメーションはない。きれいに透き通った「黄昏ゴールド」の色調に、柔らかいエステルが香る。苦みのないきれいな酸と、オレンジ蜂蜜の柔らかい甘みが落ち着いたバランスを保っている。二杯目になると、マンゴスチン、クチナシ、金木犀の香りのほかにボトリティス由来の苦みも出てきたが、嫌みではない。天ぷらとの相性も抜群であった。

最初はリースリングのベーレンアウスレーゼのような印象だったが、後半はソーテルヌの二級シャトー（1970年代のシャトー・フィローあたりのイメージかな）の古酒のようになった。ボトルの残りを家に持ち帰り、翌日飲んでみたら、香りは健在だが、残念ながら味は甘酸っぱい水になっていた。

さて、ブルゴーニュでも貴腐ワインは造られている。有名なのはマコンの名人ジャン・テヴネが造るドメーヌ・ド・ラ・ボングランであるが、これはシャルドネからの貴腐である。ブルゴーニュでソーヴィニヨン・ブランといえば、唯一、サン・ブリがあるが、ではブルゴーニュでセミヨンを作っているヴィニュロンはいるのだろうか。自家用の栽培はあるかもしれないが、聞いたことがない。ならばと、瓶詰めをしたティエンポンの側を調べてみると、現在、ティエンポン・ファミリーで赤ワイン以外を造っているのは、ヴュー・シャトー・セルタンを所有しているフランソワだ。貴腐ワインではないが、アントル・ドゥー・メールで造るソーヴィニヨン・ブラン主体の白ワインならある。

はて、このブラン・ド・ブランは、ベルギーのネゴシアンがボルドーの貴腐ワインを買って、ブルゴーニュボトルに詰めたということだろうか。終戦直後のドタバタあたりの年ならボトル不足で、有り合わせのボトルに詰めた可能性はある。実際のところ、ジュヴレ・シャンベルタン・コンボット 1945 はボルドーボトルに入っていた（詳しくは、『古酒礼賛』181 頁にあり）。もっと詮索すると、ジョルジュ・ティエンポンは 1924 年にヴュー・シャトー・セルタンを購入して、ボルドーワインを大量に造っていたから、ボルドーボトルには事欠かないはずである。しかも、ティエンポンは農民ブルゴーニュとは違い、お城の主のボルドーですから。

もしかしたら、どこかの中小ネゴシアンの不良在庫を引き取って、エチケットだけ貼ったのかもね ???　〈2020.4〉

Chapitre 62

元禄「柳影」

伊丹の友人から珍しい酒が2本届いた。大阪大学工学部醗酵工学科時代の同級生で、小西酒造の技術部にいた彼は、時々、個人コレクションから入手困難な珍品を分けてくれる。

一本は市販酒で「貴醸酒 白雪(しらゆき)三十年古酒」である。見た目は黒蜜のように黒く、濃度感の強さがうかがえる。香りは控えめ。もちろん甘いが、コシが柔らかく角がない。例えば、酸の抜けたペドロ・ヒメネスPXのようなニュアンスだ。古くささ、漢方薬臭さは全く出ていない。自家製水餃子にXO醤を効かせたら、なかなかの好相性であった。

もう一本はラボのテストサンプル用ガラス瓶に入っている。手貼りのエチケットには「H29年11月11日、江戸元禄の酒、半製品、アルコール：17.8%、日本酒度：−37.0 2.9 3.5」と書かれている。最後のふたつの数字は、アミノ酸度と酸度だろう。

添えられた手紙には「元禄3（1690）年から蔵に伝わる古文書（酒永代覚帳）に記録されている白雪レシピの中の、

元禄15年度の仕込み仕様を忠実に再現して造りました。木桶仕込みで生酛、原料の水は現在の仕込み配合の半分しか使用していません。特徴は、貴醸酒に近いです。水で割るのも面白いですよ」とあった。

色調はアンバーでクリア。色からも粘度を感じる。粉糖、べっ甲あめ、金沢の「じろあめ」の香り。スペックからするとかなりの甘口だが、飲んでみると意外と柔らかい甘みで、癖がない。枯れ気味のソーテルヌから酸味を取ったような感じだ。古民家のたんすの香りもするが、ひね感はない。水で2倍に割ってみると、逆に薄っぺらい甘みが前に出てきた。クチナシ、金木犀の香りにベニヤ臭が混じる。やはりストレートがおいしいな。

江戸時代の酒は小売酒屋や飲み屋で、適当に水で割って飲んでいたという。砂糖が貴重な時代であり、こういう甘い造りが一般的だったのだろう。冷蔵庫がなく、火落ち、酸敗が心配なため、糖度を上げたのかもしれない。『酒永代覚帳』によると、江戸末期の慶應時代には仕込み水の配合量が現在と同程度になり、味も今とあまり変わらなくなったといわれている。

日本酒造り自体は室町時代から行われていたようだ。元禄年間早期に刊行された『童蒙酒造記』が一般向けの最古の酒造バイブルといわれるが、『酒永代覚帳』は小西酒造に相伝で伝わる書物で、酒造法の教本というよりは毎年の仕込み配合控えのようなものらしい。この二冊とは別に小西酒造では、1960年代に古い蔵を取り壊したときに『酒造秘伝書』という写本が見つかっている。こちらは赤穂藩の柴原救長が宝暦２（1752）年に『摂州伊丹（満願寺屋）伝』を写し取った『私家版醸造法大全』だといわれている。

元禄時代は酒の製造・流通の大変革期であった。西宮から江戸に酒を送る問屋ができたのが元禄７年であり、新酒番船として以前の菱垣廻船が30日かかった日程を10日まで早めた。この上方下りの酒が人気で、「くだらない東国の酒は駄目だ」と言われ、「くだらない」の語源になったのは有名な話だ。“紀文”がみかん船でひと山当てて、“奈良茂”と吉原総揚げ合戦をしたのもこの船のおかげかもしれない。

この酒のレシピの元禄15年といえば、赤穂浪士の討ち入りの年だ。露の五郎兵衛が京都で落語の原型の「落とし噺」を始めたのもこのころである。甘い酒を飲んでいたら、上方落語の『青菜』を思い出してしまった。大家の旦那が出入りの植木屋に暑気払いに井戸水で冷やした柳影を振る舞うのだが、この柳影がこんな味ではないかなと気になった。調べてみると、柳影はみりんに焼酎をほぼ半分加えたもので、江戸では「飲みにくい、駄目な酒を直して飲む」として「本直し、なおし」と言っていたようだ。しかし、落語では「鯛といえば大名魚、柳影といえば大名酒」と言っているので、上方の柳影は別物だったのだろう。ということで、今回は上方下りの酒のくだらない話題でした。

〈2020.5〉

年月日
目的
質
H29年 11月 11日
江戸元禄の酒
17.8%
-37.0 2.9 3.5
貴醸酒
白雪三十年古酒
富士
山
蔵
株式会社 富士山蔵
2丁目13番地
アルコール分／ 13度以上 14度未満
原材料名／米(国産)、米こうじ(国産米) 清酒
精米歩合／ % 容量／300ml

Chapitre 63

事故物件ファイル

定期的にセラーを掃除すると、とんでもないことになっているボトルが見つかる。古酒を追い求めるものの宿命だろう。駄目だとは思うが一応10日ほど静かに立てておいて開けてみるのだが、結果はまあそれぞれだ。

File 1：Pommard Epenots 1929 Boisseaux Estivant

2009年に5本150ユーロで購入。オークションリストには液面7cmとある。

キャップシールに白いカビ菌糸のかたまりが花開いている。キャップシールを突き破りその高さ何と15mmもある。白銅はボロボロで穴だらけだ。白く酸化し　触っただけでぼろぼろと崩れていく。コルクはグズグズだが、そのくせ瓶の壁にくっつき剥がれない。案の定スクリューがすっぽ抜け、ちくわ状態になった。伊勢海老フォークで掻き出すと、ボロボロ、こなごなに砕けていく。ふりかけ錦松梅のようなコルククズがたっぷりとれた。澱はすべて壁に固着しており、瓶底には細かい銀沙がチラチラ残るのみだ。淡い茜色、銀鼠色。還元香の中に金属香がまじる。一応ワインの香りも残っており、アルコールは10%くらいか？ほのかな甘みとともに、ヒント程度だが果実のニュアンスもあった。ノンリコルクの古酒としては十分楽しめた。

File 2：Ch. La Fleur Petrus 1952　Negosiant Vedrenne-Orluc

2017年に3本450ユーロで購入し、最後の一本。

キャップシールが破れコルクに茶色いキノコのようなトサカが立っている。浮き上がったコルクが膨らみ、ふやけて乾燥し、ふわふわのおがくずのようになっていた。コルクそのものは2cmくらいすでに抜けている。エチケットにはワインの染み、しかもまだ湿っているではないか！液面はローショルダーレベルからさらに2cm下がっていた。コルクの落下予防のために瓶の口の横からまち針を一本横から打ち込んだ。その上で抜栓を試みたが下1cmは折れてしまった。抜けたコルクの外周は泥状にぬるぬる、ねとねとである。少し濁った黒褐色で、香りは冷たいプルーンペースト、十円玉の銅の香りも。一口含むと超濃厚で粘稠、ねっとり、もちもち。まるで発酵黒にんにくのような濃厚さである。焦げ臭が少しあるも意外と健全で美味しいではないか！　前日開けた飲み残しのkenzo estate AI（藍）2003と比較してもまったく遜色ない味わいであった。

File 3：Bonne　Mares　2001　Domaine　Dauvney

古酒ではないのにかなりやばそうな物件。やまやで8年前くらいに購入。インポーターもやまやである。赤い蝋封はきれいだが、エチケットがひび割れだらけ！　陶器の貫入か、干ばつの泥沼の底のような景色である。この時期、紙ではなく塩化ビニルのシートがエチケットとして使われていた。紙の酸化や汚れ、破れの心配がなく美しいのだがまさかのマスクメロン状態になってしまった！　熱か紫外線で変性し、収縮した時に割れていったのだろう。Mr.ルロワと呼ばれる髙島屋の須賀氏に聞いてみたら、「ひび割れはたまにあるけど中身は多分大丈夫､美味しいと思うよ」とのこと。しかし不安になり自宅で開けてみた。瓶底の澱は細かいがしっかりしまっている。コルクの状態も良い。しかし色はかなり褐変し20年しか経っていないのにかなりの高齢マダムに見える。かおりは　着物のリサイクルショップの店頭。果実はほとんどなく過剰熟成で、ドライアウト気味。ダメ元のデカンタージュでも回復せず。かろうじて飲めたが、お高いワインなのに、なみだ涙であった。

〈2020.6〉

Chapitre 64

1948 Negrino

私は3月生まれであるが、先日、同じ月の生まれの知人と誕生会を開いた。島根出身で1948年生まれの彼は、ミクロネシアでの仕事を皮切りに一代で大会社を興し、ロサンゼルスやバンコクにも豪邸をもっている。仕事はほぼリタイアしてゴルフざんまいの生活で、たびたび通うのが面倒だからと、ゴルフコースの隣に別荘を建ててしまった。5時起きで、週に4、5回コースに出ているので、夜の食事は8時までというルールがある。その彼から「以前パリで買ったロマネ・コンティがあるので飲みましょう！ 適当に保管していたから駄目になっているかもしれないけれど、ワインのわかる人と飲まないと面白くないから」とお誘いいただいたのだ。

彼のライフサイクルに合わせ、開始時間は17時。場所は、ホノルルのフォーシーズンズホテルに出店した中澤圭二さんの孫弟子の「すし匠」系の店である。寿司屋なので、大きくて背の高いグラスがない。普段は脚のないリーデルのオー・シリーズである。そこで、私の家から特大のグラスを持ち込ませてもらった。バカラのロマネ・コンティ・グラスのコピー物である。酔っ払わないうちにと、主役からスタートした。

Romanée-Conti 2000 DRC（No.05297）のキャップシールを剥がすと、コルクの天がぬれているではないか！　コルクを抜くのになんの抵抗もなく、異様に簡単で不安が募る。コルクはいつものドメーヌの畑の絵の入ったものである。色調はややれんが色が強い赤銅色で、香りは閉じきっている。含んでみると、酸が目立つ細い骨格だ。30分我慢すると酸味も収まり、香りが開いてきた。いつもの香水のような香りは見られないが、エレガントさはさすが。チャーミングな甘みも心地よい。しかし、最後までロマネ・コンティらしさは見られず、保存状態のせいか残念なボトルであった。

さて、私が用意したのは、彼のヴィンテージのワインである。セラーを探し回ったのだが1947と1949ばかりで、1948はこのボトルしか見つからなかった。それはNegrino Vino Rubino del Salento 1948 Leone de Castrisである。真っ黒なエチケットには「Antica Azienda Agricola Leone de Castris Salice Salentino」と書かれている。レオーネ・デ・カストリスは1665年に設立された、プーリア州最古のワイナリーという。1943年にファイヴ・ローゼズというイタリア初のロゼワインを造り有名になった。1976年にはサリーチェ・サレンティーノのDOC格上げの立役者となった生産者だ。

ネグリーノは現在どうなっているかといえば、アレアティコ・ネグリーノという名前に変わって、ボトルの形は違うがIGTとして造り続けられ、アレアティコを干し葡萄にして造るレチョート系ワインのようだ。アレアティコは育てにくい品種だが、プーリアからトスカーナ、エルバに移植された歴史があり、かのナポレオンも傷心のエルバ島で愛飲したとも伝えられている。

さて、ボトルの容量は700mlで変形長身スタイル、アルコール濃度は9.16%である。コルクはたった3cmで、完全にガラス壁に密着してしまっていた。スクリューを引き上げてもコルクは全く動かず、真ん中にチクワみたいな穴が開いていく。壁にくっついたコルクを剥がそうと思うが、ポロポロとボトルの中にくずが落ちていく。割り箸をもう一膳借りて、グラスの上に浮いたコルクくずを拾う羽目になってしまった。

グラスに注ぐと、ねっとりとして粘稠度が高い。濁りではないが、不透明で向こうが見えない。香りは焼きプリン、ミキプルーン、あられ和三盆、杏仁水（咳止めシロップ）。ベタ甘いかと思ったが、きれいな酸が味の底支えをしてくれている。長靴のかかとのサレント半島のワインだからもっと焦げっぽいかと思っていたが、意外にエレガントにまとまっていた。しかし、寿司ネタにはどうにもつらい。「黒い、濃い、ねっとり」のイメージでツメを利かした煮ハマグリと煮アナゴだけが救いであった。

ロマネ・コンティにこの「煮詰めワイン」では申し訳ないので、用意のバックアップワインを投入。Côte-Rôtie la Mouline2000 E.Guigalである。古酒ではないが、優良ヴィンテージで安心の鉄板ワインだ。E・ギガルのコート・ロティ・ラ・ムーリーヌは赤身、大トロ、鉄火と、鉄分系のつまみにベストマッチ。楽しい時間の仕上げとなってくれた。

〈2020.7〉

Chapitre 65

ただの「ニュイ」

昨今のコロナ騒動で、レストランやワインバーが自粛休業し、ワイン会がなくなったおかげで、このコラムのネタになる古酒を飲む機会がとんとなくなった。仕方なく、自宅で気になる一本を開けてみることにした。ワインに合わせるのはレストランのテイクアウトだ。今夜は中目黒のクラフタルからのデリヴァリーセットである。赤鶏さつまのガランティーヌ アリゴ（チーズを練り込んだジャガイモのピュレ）に始まり、マダラハタのエスカヴェッシュ、大土橋真也シェフの郷土の奄美大島風薩摩揚げ、鴨もも肉の煮込み無花果のヴィンコットソースなど、お店でいただく以上に充実メニューだ。

ワインは Nuits 'Vignerons' 1923 Sicard である。2014年に 2 本セットを 160 €で落札。オークションノートには液面 5 ㎝とある。ボトルはかなり重く、瓶底のへそは 6 ㎝で、へそ玉は球体ではなくとんがっている。ボトルの壁面には型吹きの継ぎ目が見られない。ガラスの色はグリーンブラウンである。

エチケットはほとんど残っておらずボロボロ。かろうじて読めるのは「Grand vin de Bourgogne」「19 □」という文字のみである。キャップシールは白銅で、破れはない。刻印は「Bordeaux・Sicard & Co」と刻まれている。ボルドーのネゴシアンが瓶詰めしたワインのようだ（シャトー・シカール Château Sicard は今でもサンテミリオンに存在している）。しかし、ネゴシアンではなくてヴィニュロンと書かれているのも気にかかる。造り手の情報は全くない。

キャップシールを剥がすと、強烈なカビ臭が鼻を襲う。ぬれ布巾で何度も黒カビと白カビを拭い、ソムリエナイフを打ち込んでいく。コルクは天辺までウエットで、きしみ音もなくスクリューが入っていく。コルクをゆっくり、休み休み引き上げていくと、少しずつ空気が入っていくのが目視できた。しかし、コルク自体がウエットすぎて、引き上げるとなんのストレスもなくぱっくり割れてしまった。結局、コルクは三分割して、抜栓を終了した。コルクの壁面にはなんの情報も刻印されていない。

ひとり飲みなのでデカンタージュせず、パニエでグラスに注いでいく。2週間立てておいたにもかかわらず、軽い濁りが見られた。澱はないが、壁にこびりついた海苔状のタンニンがワインに混じってしまった。色調は健全な茜色に銀鼠が混じる。香りは閉じ気味で淡いかんきつ類のみ。しかし、含むと驚くような若い酸と果実が舌を驚かせてくれた。もちろん鉄味と渋みはあるが、不快なほどではなく、果実がそれを覆い隠している。古酒独特の酵母感があり、短命の不安がよぎったが、30分たち、2杯目、3杯目と杯を重ねても果実が落ちずに楽しめてしまう。しかし残念ながら、さらなる大化けは見られなかった。ボトルの下5分の1くらいから細かい澱が起き始めたが、甘い澱で飲むにはなんの差し支えもない。なんと2時間たっても果実味の衰えない、若い超古酒（97歳！）であった。

このワインの名前といい、ボトルの感じといい、どこかで見覚えがある。オークションの落札通知をさかのぼってみると、2009年5月の記録によく似たボトルがあった。ヴィノテークのバックナンバーを探すと、「古酒礼賛」で紹介したNuits St. George 1929 Sicardと同じ系列のボトルのようである。

ヴィンテージチャートによると、1923はボルドーが平均的な作柄であったが、ブルゴーニュは冷たい春、乾燥した夏、初秋の降雨と好条件が重なり、収量は低いものの長熟なワインに仕上がったようだ。ニュイNuitsという名前のワインは、現在は見られない。商品の販売詐欺や農産物や食料品の偽装を取り締まる法律が1905年、そして原産地保護に関する法律が1919年に制定されている。ニュイが「Nuits-Saint- Georges」を初めて名乗るようになったのは1800年代末から1930年ごろの間といわれており、1923年ならまだ古称のニュイのままのワインが造られていたのであろう。

〈2020.9〉

Chapitre 66

デイリー古酒

コロナ禍の昨今、ワイン会や食事会を自粛せざるを得ない。そこで家飲みが多くなるわけだが、毎晩グラン・ヴァンを飲むわけにもいかない。結果、普段飲みにはお気軽な軽めの古酒となる。オークションのウェブサイトで最低落札価格の低い順にソートして、1960年代から1970年代の手ごろな古酒を探し、ダメ元で最低落札価格+10€くらいのビットを入れていくのだ。だいたい5分の1くらいが落札される。これに送料、国内酒税、消費税などが1本につき3000円くらいのっかる勘定である。

安い理由は幾つかある。①無名のシャトーである。②今はないネゴシアン物である。③液面が非常に低い。④エチケットが汚れている、または全くない。⑤不作の年である。⑥雑多なワインのミックスロットである、など。こうして入手したワインをデイリー古酒として自宅で楽しんでいるのだ。そのうちの幾つかをご紹介しよう。

Châteauneuf du Pape Blanc 1979

Domaine de la Serriere Michel Bernard-Vigneron Quartier Sommelongue

4本で80€（安いのは色の変化のせいか）。ローヌの白ワインは全体として酸化に強い印象があるが、色調は4本ともバラバラで、レモンイエローから古い畳の緑茶色までのヴァリエーションだ。1本目は明るい金色、香りは冷たく閉じ気味、平凡だが面白みのある風味。翌日には膨らみが出てきたが、複雑さは乏しい。評価は○。2本目は一番枯れた色、ひね香が強いが、すぐに日の当たった果物屋の店先のような濃厚な果実が開く。味は、苦みが邪魔しつつも好ましい熟成だ。こちらも○。3本目は40年熟成にふさわしい落ち着いた色調、しかし平凡な味と香り。時間をかけても知らん顔なので△。4本目は少し濁りのある黄金色、わずかにカビが香るコルク。渋みが強くアルコールは低め。一杯半でギヴアップで×。というわけで、二勝一敗一分でした。

Château Saint Pierre Sevaistre 1974

St-Julien-Beychevelle M,M,Casteleing Van den Bussche Prop

6本で60€（ヴィンテージのせいで安い？)。シャトー詰めで中小ネゴシアン扱いである。購入理由はエチケットに書かれたベイシュヴェルの文字である。コミューン名のサン・ジュリアン・ベイシュヴェルをエチケットに書くことは禁止されているはずだが……。同じワインの最近のヴィンテージにもちろんこの表記はない。ヴァン・デン・ブッシュはオランダの会社で、分散していた畑を統合したが、最良の区画を村長のアンリ・マルタンに買い取られ、シャトー・グロリアに組み入れられてしまったらしい。1982年にはアンリがオーナーになり、ワインの質が向上し始めたという。

1本目は液面ミッドショルダー、コルクは乾燥気味。わずかにさび色の混じる赤紫、おいしそうな色である。香りは全くなし。苦い、渋い、まずい、で×。2本目はローショルダー、干しショウガの香りのコルク。枯れた鉄さび色。アルコールはしっかりしているが、酸が弱くタンニンも細い。すっぽ抜けワイン、×。3本目はローショルダー、ぼろぼろコルク。黒褐色で濃いドライプラム香。骨格はしっかりしているが、前半は素っ気ない。後半、ジャミーに香りが開き大満足、○。4本目はミッドショルダー、乾いたコルク。味は平凡なボルドーで△。一勝二敗一分。

Château L'Enclos 1973 Pomerol
Société Civile du
Château L'Enclos Schröder & Schÿler & Co

4本で＄110。アメリカのオークションではマイナーシャトーは人気がなく、わりと安く落札される。1本目はミッドショルダー、しっとりとおいしそうなコルク。淡い紫の赤褐色、マルベリージャムの香り。細いが艶っぽい酸味と果実味で○。2本目は液面6㎝、軟らかいコルク。濃厚な土の香り、プルーンシチュー、○。二勝ゼロ敗。これは当たりだな。

Condrieu Luminescence 1999 E. Guigal（ハーフボトル）

5本で130€。ギガルがヴィオニエの遅摘み葡萄を使い、1999、2003、2015年にだけ造った甘口ワイン。エチケットにキラキラ感を出そうとアルミ箔っぽくしているので、経年変化でぼろぼろになったために格安で落札できた。1本目は濃い赤茶色、強いエステル香。貴腐のような強い苦みがある。酸が細くなっており、べた甘い感じで×。2本目は明るいオレンジ色にわずかな濁り。酒石が沈んでいる。糖度に追いつく酸が残っており、デザートとして単体で楽しめたので○。3本目は赤褐色、香りがなく、苦みだけが残る。水っぽい酸味も辛くて×。4本目も外れボトル。飲みきれずで×。一勝三敗。

なかなかコスパのよい古酒探しは難しいです。

〈2020.10〉

おわりに

コロナの外飲み自粛のため、自宅のワインの減りが早い。休日にセラーの入れ替えをして、一時的にボトルを床に並べていると、上の棚からオルネライア1990demiが落下し、床のボトルにヒットした。ゴツンと鈍い音がしたが、オルネライアは無事だった。

ヒットされたボトルは？　とネックを持つと、すぽんとネックだけが持ち上がってしまった。エチケットを確認したらなんと1953のシャルルマーニュではないか！　そっと流しに移動しボトルの残ったワインを、まずは密封性のハーフサイズデカンタに移す。残りのワインは普通の蓋付きデカンタに。ワインは　Corton Charlemagne 1953 Henri Manuel ネックラベルはJacobs Bolean Amsterdamと書かれている。調べると7年前に、4本ミックスロット(Beaune1949、 Corton1959、Corton Grancey1966) で200ユーロで購入していた。アンリ・マニュエルは今では無くなった作り手のようだ。ひっくり返してデカンタしたせいで僅かな濁りがあるが、赤銅色のきれいな液体で緑のリングが入っている。後片付けの後、早速味見をしてみた。昼下がりなのでおつまみは最近お気に入りの、京都米村のチーズクッキーのみである。一口目は僅かに澱の引っ掛かりがあるも、ふくよかな果実のフックがある。酸味は酸化ではなく果実由来でアフターのえぐみ渋みもない。この時点で衝突後30分である。二杯目になっても酸はとんがってこず、骨格も背筋が伸びたままで頼もしい。これならば急ぐことはなかろうと残りは夕食まで置いておくことにした。夕食は、豚の三枚肉と冬瓜の昆布煮込み、鱸の一塩あぶり焼き、だだ茶豆、自家製糠漬け。日本酒を飲む予定だったが、シャルルマーニュを強引に合わせる。意外なことに和食にこの酸味が出会い物だ。ひね気味の純米酒のイメージか。料理が来ると過熟の苦味が丸くなる。特に昆布出しの旨味で、なんとなく「一件落着」風に落ち着いてしまった。グラス一杯分を残し、翌日試してみたが、そこまでの体力は残っていなかったようだ。

コルトンシャルルマーニュは白ワインの中でも、時間のかかるワインである。若いシャルルマーニュは「鋼鉄の処女」という印象がある。ワイン会では「ガチガチで閉じすぎ、明日の朝くらいが飲み頃かも」とか「幼児虐待だ、ロリコンだ」とかのコメントが飛び交う。「20年後が楽しみだ」という意見も多い。そしてワイン会の終了時に、念のため空のグラスの香りを嗅ぐと、天国のような香りになっているのに、ワインはどこにも残っていないというのが、お約束なのである。しかし実際古くなったシャルルマーニュは、ムルソーやモンラッシュなどと違いピークアウトしてしまっていることが多い。1960年代までならまだ元気に飲めそうだが……。

オークションでも以前のような戦前のブル白はまず見かけなくなった。せいぜい1960-70年代以降である。ソーテルヌの古いものも減ってきた。1950年代以前のソーテルヌはほとんどが真っ黒に変色し、酸が落ちて黒蜜状態になり始めている。赤ワインはもう少し長命だ。ブルゴーニュのピノでは1940-50年代が比較的元気である。ボルドーはまだ戦前のビッグヴィンテージを見かけることもあるがすごい値段になってしまっている。

これからの古酒の問題点は、①「2000年以降のワインは時間がたっても今までのような古酒には変身してくれない」②「1920－50年代のノンリコルクワインはそろそろ枯れ始めてしまっている」③「新興ワインラバーの好奇心と財力は想像を超え、オークション価格は10年前の3－5倍に跳ね上がってしまった」などである。

昔のようなこうべを垂れるべき古酒はこの世からどんどん消滅しているのだ。

それでも好事家たちは夢を求めて、古酒を追いかける。彼らが味わうのは「この世から消えつつある希少品を手に入れたという優越感」と「きっとおいしいに違いないという、知識の悲しみ」と「歴史遺産の消滅の生き証人になる経験値」なのかもしれない。

ワーグナーの祝祭劇のような荘厳かつ愁いをにじませた、壮大な「神々の黄昏」と出会うことができれば、古酒ラバーにとっては至福の時といえるであろう。

2021年7月

秋津壽翁

1953
APPELLATION CORTON CONTROLÉE
MEURSAULT

著者紹介

秋津壽翁（あきつ・としお）

秋津医院・院長（本名　壽男）
1954年、和歌山生まれ。
医学の分野に進む前に大阪大学工学部発酵工学科で醸造学を修め、その後に医学部に進んだ。醸造学時代にワインにはまり、やがて「古酒」という異次元の世界にのめり込んで今日に至っている。
TVのレギュラーとして「主治医が見つかる診療所」などに出演、「健康には赤ワイン！」「動脈硬化にはポリフェノール！」と叫んでいる。

古酒巡礼（こしゅじゅんれい）
失われた時が育てたワインたち

2021年　7　月　28　日　第　1　刷発行　〈検印省略〉

著　者――秋津　壽翁（あきつ・としお）
発行者――佐藤　和夫

発行所――あさ出版パートナーズ
〒168-0082 東京都杉並区久我山 5-29-6
電　話　03 (3983) 3227

発　売――株式会社あさ出版
〒171-0022　東京都豊島区南池袋 2-9-9 第一池袋ホワイトビル 6F
電　話　03 (3983) 3225（販売）
　　　　03 (3983) 3227（編集）
F A X　03 (3983) 3226
U R L　http://www.asa21.com/
E-mail　info@asa21.com
振　替　00160-1-720619
印刷・製本　萩原印刷株式会社

note　http://note.com/asapublishing/
facebook　http://www.facebook.com/asapublishing
twitter　http://twitter.com/asapublishing

ISBN978-4-86667-291-5 C0077